RENÉE SCHROEDER
mit Ursel Nendzig

DIE HENNE UND DAS EI

Auf der Suche nach dem Ursprung des Lebens

RENÉE SCHROEDER
mit Ursel Nendzig

DIE HENNE UND DAS EI

Auf der Suche nach dem
Ursprung des Lebens

Residenz Verlag

Bibliografische Information der Deutschen Bibliothek
Die Deutsche Bibliothek verzeichnet diese Publikation in der Deutschen Nationalbibliografie; detaillierte bibliografische Daten sind im Internet über http://dnb.d-nb.de abrufbar.

www.residenzverlag.at

Abbildungen: Renée Schroeder
Umschlaggestaltung: Fuhrer, Wien
Umschlagbild: Lukas Beck
Grafische Gestaltung/Satz: Gabi Adébisi-Schuster
Schrift: Elmhurst
Gesamtherstellung: CPI Moravia Books

ISBN 978-3-7017-3248-7

Unseren Söhnen

Inhalt

VORWORT

Der unbequeme Weg

Oder: Was dieses Buch nicht ist

Ein Buch ist etwas Magisches. Es ist wertvoller als alle anderen Möglichkeiten sich auszudrücken. Weil man sich besonders gut überlegen muss, was darin vorkommt. Einen Vortrag zu halten, ist leicht: einmal gemacht, vor begrenztem Publikum, bald wieder vergessen. Ein Buch wird gedruckt und ins Regal gestellt. Es kann immer und immer wieder gelesen werden und hat dadurch einen permanenten Wert. Die Beschäftigung mit dem Inhalt ist intensiver. Das ist das Reizvolle an einem Buch. Dieses Buch ist darüber hinaus für mich etwas Besonderes. Ich öffne mich darin. Denn es enthält mein Weltbild, meine ganz persönliche Sicht auf die Dinge.

Ich rede sehr gern. Aber ich schreibe sehr ungern. Und ich arbeite sehr ungern alleine. Deshalb ist dieses Buch aus einem Dialog entstanden. Das ist ganz typisch für meine Art, an Projekten zu arbeiten: Ich suche mir immer jemanden, der sich dafür begeistern kann. So arbeite ich meistens mindestens zu zweit oder zu dritt. Ich kann mich dann besser konzentrieren und den inneren Schweinehund überwinden. Automatisch bemühen sich alle Beteiligten mehr, und es gibt immer Rückmeldungen. Nur deshalb hat dieses

Buch auch die Chance zu entstehen. Ich selbst habe viel zu wenig Sitzfleisch. Es ist mir unmöglich, mich hinzusetzen und stundenlang nachzudenken.

Dazu kommt, dass ich anderen gerne etwas erzähle. In diesem Fall Ursel Nendzig. Sie hört sich an, was ich ihr erzähle, und wenn es verständlich war, kann sie es so wiedergeben, dass es jedem zugänglich wird. Ich arbeite deshalb auch gerne mit Leuten, die sehr kritisch sind. Nicht mit solchen, die dasitzen, es ertragen und denken: Hoffentlich sind wir bald fertig. Auch die Suche nach dieser geeigneten zweiten Person war spannend. Wer lässt sich auf so ein Abenteuer ein? Es soll zwar mein Weltbild niedergeschrieben werden, aber die Person, die es niederschreibt, muss es aus mir herausholen und es ausformulieren. Ursel ist hier der →Katalysator, das →Enzym.* (Oder besser das →Ribozym? Diesen Hinweis werden Sie verstehen, wenn Sie das Buch gelesen haben. Oder im Glossar nachgesehen haben, was ein Ribozym ist.)

Dieses Buch ist kein rein wissenschaftliches Buch. Davon gibt es schon viele. Aber es hat seinen Ursprung darin, dass ich Naturwissenschaftlerin bin. Was mich an meinem Beruf so fasziniert, ist das ständige Hinterfragen, das ständige Suchen nach Verstehen, nach Erkenntnis: der Forschergeist. Daraus entsteht automatisch eine eigene Sicht der Dinge, ein Weltbild. Und darum geht es hier: Dieses Buch stellt mein Weltbild und meine ganz individuelle Lebensphilosophie dar. Es beschäftigt sich mit den meiner Meinung nach spannendsten Fragen, die rationell behandelt werden können. Diese Fragen, denen ich hier nachgehen werde, sind wissenschaftlich, sind interpretierend, sind

* Begriffe und Namen, die im Glossar erläutert werden, sind im Text bei ihrer ersten Erwähnung mit → gekennzeichnet.

grundlegend. Es sind die Fragen nach dem Leben, nach unserer Identität:

Was sind wir?

Jeder Mensch hat seinen eigenen Zugang zu dieser ganz grundlegenden Frage. Jeder Mensch will wissen, was oder wer er ist. Will sich sein ganz eigenes Bild davon machen. Bei mir ist dieses Bild sicher biochemischen und genetischen Ursprungs. Denn ich identifiziere mich extrem stark mit meinem Beruf. Ich unterscheide zwischen Privatleben und Arbeitsleben überhaupt nicht, habe beides noch nie getrennt. Mein Ich ist dasselbe, privat und in der Arbeit. Auch in der Zeit, als meine beiden Söhne klein waren: Die Kinder waren präsent in meinem Beruf. Ich scheue nicht davor zurück, sehr viel Persönliches in die Arbeit mit einzubringen. Im Gegenteil! Genau das ist das Tolle am Beruf der Wissenschaftlerin: dass man nicht aufhört zu denken, wenn man den Arbeitsplatz verlässt. Mein berufliches Denken, mein Denken als Wissenschaftlerin deckt sich also mit meinem persönlichen Weltbild und mit meinen Erfahrungen.

Woher kommen wir?

Es geht hier nicht um die Persönlichkeit, sondern darum, was der Mensch eigentlich ist. In der Biologie wird erforscht, wie wir chemisch und biochemisch funktionieren. Und es wird unsere Entstehungsgeschichte erforscht, die →Evolution. Das passiert zum Großteil im Labor. Mir ist wichtig, wie wir aus dem, was wir im Experiment lernen, auf alltägliche Ereignisse und Erfahrungen schließen können. Da geht es um Phänomene wie →Zufall, →Wahrscheinlichkeit, die Wechselwirkung zwischen →Molekülen und um den Umgang der Menschen mit Wissen und Erkenntnis. Das ist angewandte Forschung im weitesten Sinn. Eben nicht nur zur Entwicklung eines Handys oder eines neuen Medikamentes; sondern vielmehr zur Entwicklung einer

Lebensphilosophie – eines Weltbildes, das rationell begründet ist. Meine Forschung dreht sich darum, wie Moleküle funktionieren und wie sie das Leben in Gang gebracht haben und dann auch in Bewegung halten. Meine Forschung dreht sich um das Molekül des Lebens, um die Ribonukleinsäure (RNS oder →RNA). Und: ich will die Interpretation dieser Ergebnisse hinaustragen und interdisziplinär verarbeiten. Philosophie, Physik, Soziologie, Medizin – ich kann und möchte die Disziplinen nicht trennen. Daraus ziehe ich meine Erkenntnisse und verstehe deren Bedeutung in einem breiteren Kontext.

Wo geht es hin?

Wir Menschen möchten ergründen, woher wir kommen. Warum? Sicher auch, weil wir danach streben, die Zukunft besser begreifen und um unseren Handlungen Ziele geben zu können. Dafür brauchen wir die Erkenntnisse aus der Vergangenheit. Daraus können sich viele Vorhersagen und Handlungsanleitungen ergeben. Keine Weissagungen, sondern Schlüsse für die Zukunft. Das ist es, was die Menschen immer wollten: wissen, wohin es geht. Wenn wir ehrlich sind, sind diese Erkenntnisse meistens nicht das, was wir uns insgeheim erhoffen. Und das ist wahrscheinlich besser so.

Wenn ich mit Menschen diskutiere, habe ich oft regelrechte »Aha-Erlebnisse«. Und ich hoffe, dass Sie, wenn Sie dieses Buch lesen, auch solche Erlebnisse haben werden. »Aha! Das habe ich mir auch schon gedacht!« Oder: »Aha! So habe ich das noch nie betrachtet!« Und ich hoffe, dass Sie offen dafür sind, diese Erlebnisse zu verarbeiten. Dennoch ist dieses Buch keinesfalls →dogmatisch zu sehen. Es ist kein Lebensberatungsbuch, kein Rezept, das nachzuahmen ist. Missionare und Prediger sind mir ein Gräuel. Denn das Eintrichtern von Meinungen ist ein Grundübel in unserer Gesellschaft. Warum soll es wichtig sein, dass viele Menschen gleich denken? →Diversität ist doch viel wichtiger und spannender! Bei den Predigern und Missionaren geht es meistens um Machterhaltung und nicht um Wissensvermittlung.

Ich skizziere in diesem Buch also meine Sicht der Dinge. Ich stelle Ihnen mein Weltbild vor, wie es momentan ist. Sie werden das Molekül des Lebens kennenlernen und erfahren, welche Rolle es bei der Entstehung des Lebens spielte und auch heute noch spielt. Sie werden verstehen, wie Evolution funktioniert und wie wir uns heute noch verändern. Wie Umwelteinflüsse unsere →Gene verändern und ob unsere Erfahrungen in unseren Genen gespeichert werden.

Mein Weltbild ist noch nicht fertig. Das ist eine der wichtigsten Erkenntnisse: Man darf sich nie sicher sein, dass etwas so ist, wie man annimmt. Erst kürzlich habe ich in einer Zeitschrift diese Überschrift gelesen: »Irrte Darwin?« Das ist eine dumme Frage. Natürlich irrte er. Hoffentlich irrte er! Jeder Mensch irrt. Nur dadurch nähern wir uns in winzigen Schritten der Wirklichkeit an. Genauso wie die Evolution machen wir viele, kleine, fehlerhafte Schritte. Aber die hohe Anzahl der Schritte bringt uns dann doch schnell weiter. Genauso ist mein Weltbild sehr unvollständig und es ändert sich täglich. Es ist im Werden, wie das Leben auch. Das soll es auch! Ich möchte offen sein und keine Angst davor haben, immer neue Dinge zu erfahren und meine Meinung immer wieder zu ändern. Heute halten wir die RNA für das Molekül des Lebens, vor wenigen Jahren war es noch die →DNA. Ich bin gespannt, welches Molekül der RNA diese Rolle abnehmen wird. Werde ich das noch erleben? Oder ist die RNA wirklich das Molekül des Lebens? Werde ich meine Theorie verteidigen? Werde ich in die übliche Falle geraten und persönlich gekränkt sein, wenn sich meine Theorie nicht halten konnte?

Ein guter Tag ist ein Tag, an dem ich etwas gelernt habe. An dem ich sagen kann: »Das sehe ich jetzt anders.« Leider schaffen wir es oft nicht, so offen zu sein. Denn wir hoffen, dass unser Weltbild sich bestätigt und dass immer wieder etwas Bekanntes passiert. Diese geistige Trägheit und Gemütlichkeit, dieser Widerstand gegen Unbekanntes sitzt so tief in uns Menschen und hemmt uns, Neues aufzunehmen. So funktionieren wir eben. Etwas wiedererkennen ist die Art und Weise, wie wir lernen. Wir freuen uns, wenn wir ein Gesicht sehen, das wir schon kennen. Dabei gibt es hunderte andere, unbekannte Gesichter, hinter denen sich Neues und Spannendes verbirgt. Unser Gehirn ist so konzipiert, es klammert sich an Muster, die es erkennt. Und wenn etwas Neues kommt, das nicht in die Erwartungshaltung passt, wehrt es sich und wir haben ein schlechtes Gefühl. Schade, denn es sollte genau umgekehrt sein! Eigentlich sollten wir, wenn etwas anders ist als erwartet, glücklich sein und uns freuen, dass wir der Wirklichkeit einen Schritt näher gekommen sind.

Der Pessimist wird jetzt sagen: »Es kommt nichts Besseres, es wird alles nur schlechter.« Aber ich bin Optimistin und diese Bejahung des Lebens und die Freude an Aha-Erlebnissen sind der Ursprung meiner Kraft.

Ich sehe diesen Widerstand gegen Neues oft bei Studierenden. Wir arbeiten in Forschungsgruppen und entwickeln eine →Hypothese. Eine gute Hypothese ist es dann, wenn sie sich experimentell überprüfen lässt. Wir denken uns Experimente aus und die Studenten führen sie durch. Sie freuen sich, wenn die Hypothese stimmt, also wenn sie verifiziert werden konnte. Die meisten meiner Studenten sind bitter enttäuscht, wenn das erwartete Ergebnis nicht eintrifft. Eine ganz typische Reaktion! Zunächst höre ich gar nichts von ihren Ergebnissen. Sie wiederholen das Experiment, machen es noch ein drittes Mal. Bis sie mit hängenden Schultern zu mir kommen: »Es hat nicht funktioniert.« Hat es technisch nicht funktioniert, ist es tatsächlich ein Problem. Hat es technisch funktioniert, aber das erwartete Ergebnis ist ausgeblieben, sind die Studenten meistens enttäuscht. Denn dieser Weg zur Wirklichkeit ist unbequem: weil man dann die Hypothese ändern muss.

Dieser Prozess ist genau der, den ich mir für mein Weltbild wünsche, nicht nur für meine Arbeit im Labor. Meine Welt ist eine umfassende Hypothese. Und an der darf ich nicht festhalten. Ich muss täglich bereit sein, sie aufzugeben oder sie zu verändern und dazuzulernen. Das ist die Idealvorstellung. Das ist spannend. Aber auch sehr anstrengend.

Von diesem Buch erwarte ich mir, dass sich, während wir es schreiben, eine Menge verändern wird. Ich erwarte mir, dass mein Weltbild durch das Schreiben neue Impulse bekommt. Und dass sich am Ende des Buches ein genaueres und schärferes Weltbild herauskristallisiert als mein jetziges, das noch etwas diffus ist. Dieses Buch ist eben auch ein Forschungsprojekt. Wir wissen jetzt noch nicht, wo es uns hinführen wird. Ich bin gespannt, was am Ende entstehen wird. Das Buch soll sich selbst infrage stellen. Es soll sich nicht ernst nehmen. So wie man das ganze Leben nicht so fürchterlich ernst nehmen darf.

Und noch etwas: Für dieses Buch braucht man keinerlei Vorkenntnisse. Man muss es auch nicht in einem Stück lesen, sondern kann es immer wieder hernehmen und ein, zwei Kapitel lesen. Auch unterwegs, im Zug, im Flugzeug, im Wartezimmer. Dieses Buch eignet sich auch bestens zum Vorlesen. Das tun wir viel zu wenig: lieben Menschen etwas vorlesen. Und dann kann über das Gelesene diskutiert werden, es kann widersprochen werden. Hoffentlich deckt sich Ihr Weltbild nicht mit meinem! Beim Diskutieren werden Sie das Weltbild Ihrer Mitmenschen entdecken. Es gibt viele Menschen, die mir ihre Sicht der Dinge erzählen, und dafür bin ich sehr dankbar.

Dieses Buch versammelt Vorstellungen über das Leben, die aus meinem momentanen Wissensstand stammen, keine Dogmen. Es sind Anregungen, keine →Gebote. Es gibt keine hierarchischen Vorgaben.

Außer dieser einen: Man darf sich nie sicher sein, dass man recht hat.

Wien, im Juli 2011

KAPITEL 1

Die Grenzen der Wahrnehmung

Oder: Wir sehen uns in der Meter-Welt

Diese erste und wichtigste Erkenntnis macht uns ohnmächtig: Wenn wir feststellen, wie verschlossen wir sind, wie unzureichend unsere Sinne sind, wie wenig wir wahrnehmen, wie viel wir übersehen. Wahrscheinlich mehr als 99,9 Prozent der Welt! Weil wir gar nicht in der Lage dazu sind: Selbst wenn unsere Augen und Ohren es vielleicht noch sehen und hören könnten, würden wir es nicht registrieren, würden wir es ausfiltern.

Unsere Welt ist eine Meter-Welt. Alles, was ungefähr einen Meter groß ist, das ist unser Ding. Wir lassen uns herab auf Millimeter, darunter sehen wir eigentlich nichts mehr. Wir schaffen es bis zum Kilometer, das können wir uns noch vorstellen. Aber darüber hinaus ist uns alles schon zu groß. Die Welt, zu der wir mit unseren Augen Zugang haben, ist ein winzig kleiner Abschnitt des Größenspektrums. Denn in 10^{-20} Metern ist auch noch eine Welt. Die uns (noch) verschlossen bleibt.

Ich finde es faszinierend, die Größenskalen zu betrachten und damit die Welten, in denen einzelne Dinge zu finden sind. (Abbildung 1) Ein Ribonukleinsäure-Molekül (RNA) ist zum Beispiel nur ein paar →Nanometer (10^{-9} Meter) lang:

ABBILDUNG 1

Unsere Meterwelt im Universum

Alles, was ungefähr einen Meter lang ist, ist unser Ding. Wir Menschen sind in etwa einen halben Meter lang, wenn wir geboren werden, und schaffen es im ausgewachsenen Zustand auf 1,5 bis 2 Meter. Dies ist aber nur ein winziger Ausschnitt aus dem Spektrum, in dem sich das Leben abspielt. Um zu den hier abgebildeten Größenordnungen zu gelangen, muss 1 Meter so oft durch 10 dividiert oder mit 10 multipliziert werden, wie die angegebene Hochzahl der beschriebenen Größe angibt. Zum Beispiel: Ein RNA-Molekül ist wie die meisten Moleküle im Nanometerbereich, also 10 hoch minus 9 Meter klein. Ein Meter, 9-mal durch 10 dividiert – das ist die Größenordnung der RNA-Welt. Wird 1 Meter 21-mal mit 10 multipliziert, ergibt dies den ungefähren Durchmesser der Milchstraße. Die Planck'sche Länge ($1{,}61 \times 10^{-35}$ Meter) ist die kürzeste Strecke, die physikalisch Sinn macht, denn wenn ein Lichtstrahl diese Strecke durchläuft, kann man zwischen Startpunkt und Endpunkt nicht mehr unterscheiden. 1 Lichtstunde ist jene Strecke, für die das Licht 1 Stunde braucht, um sie im Vakuum zu durchlaufen (1 100 000 000 000 Meter).

Das Universum und unsere Meterwelt

10^{26} Trilliarden Kilometer — beobachtbares Universum

10^{12} Milliarden Kilometer — ≈ 1 Lichtstunde

10^{9} Millionen Kilometer — ≈ Durchmesser der Sonne
1000 000 000 Meter

10^{3} Kilometer
1000 Meter

1 METER — wir Menschen 

10^{-3} Millimeter
0.001

10^{-6} Mikrometer — Bakterien Zellen
0.000 001

10^{-9} Nanometer — Moleküle RNA
0.000 000 001

10^{-15} Femtometer — Proton
0.000 000 000 000 001

10^{-35} Planck's Länge

Um dorthin zu gelangen, muss ein Meter 9 mal durch 10 geteilt werden, dann erst würde man die Dimension dieser Biomoleküle erreichen. Wir können sie weder mit freiem Auge sehen, noch in einem normalen Lichtmikroskop. Um sie nachweisen zu können (denn »sehen« können wir sie ja nicht), müssen wir spezielle chemische und biophysikalische Methoden anwenden. Meistens »markieren« wir sie dafür mit radioaktiven →Isotopen und messen dann ihre Strahlung. Oder wir hängen der RNA durch chemische Reaktionen fluoreszierende Stoffe an und messen dann ihre Leuchtkraft in einem Mikroskop, das fluoreszierende Stoffe detektieren kann. Ein unglaublicher Umweg also, den wir nehmen müssen, eine mächtige Krücke, die unser Auge braucht.

Unser Ohr ist nicht viel besser. Es hört ganz bestimmte Wellenlängen – die wenigen eben, die es in der Lage ist, wahrzunehmen. Der Großteil der Geräusche, das ganze große Spektrum der Wellenlängen um uns herum, entgeht uns: weil wir sie nicht zur Kenntnis nehmen können oder damit nichts anfangen können, weil uns nicht bewusst ist, dass wir sie hören, oder weil unsere Aufmerksamkeitsspanne so gering ist. Oder weil wir ohnehin von Signalen übersättigt sind, von Signalen, die wir erst einmal filtern müssen, ordnen und in ein Konzept bringen.

Um das zu schaffen – Ordnung und Konzept in unsere Wahrnehmung zu bringen –, müssen unsere Sinne erst geschult werden. In einem Experiment wurden Säuglingen japanische Texte vorgelesen. Als sie älter waren, wurden ihnen dieselben Texte wieder vorgelesen und sie sollten nachplappern, was sie gehört hatten. Die Kinder, die früher schon einmal diese Laute gehört hatten, konnten sie hören, erkennen und nachsprechen. Die, die sie nicht gehört hatten, konnten es nicht. Ähnliches widerfährt uns, wenn wir mit unseren mitteleuropäischen Ohren chinesischen Lauten lauschen –

wir können die fünf verschiedenen Variationen von »ba« einfach nicht unterscheiden. Wenn wir das nicht hören gelernt haben, dann hören wir den Unterschied nicht. Es stimmt also: Das Ohr lernt! Und was es nicht gelernt hat, das hört es nicht. Damit wird ganz deutlich, dass wir sehr wenig wahrnehmen – physiologisch bedingt und übungsbedingt.

Darüber steht aber noch etwas viel Mächtigeres, das uns in viel größerem Ausmaße blind und taub macht: die Tatsache, dass wir alle Kinder unserer Zeit sind. Das, was wir sehen wollen, das, was wir gelernt haben zu sehen, das, was sein darf: Das nehmen wir wahr. Auch Wissenschaftler, die offen sein sollten für die Wirklichkeit, die danach streben, Neues zu sehen, sind beeinflusst von dem, was sie schon wissen, und sind gelenkt von dem, was sie bereits gelernt haben.

Wir sind nicht objektiv.

Es gibt eine Figur in der Wissenschaftsgeschichte, die auf tragisch-komische Weise das Dilemma, in dem wir uns befinden, vor uns ausbreitet: Antoni van →Leeuwenhoek. Er lebte im 17. Jahrhundert und revolutionierte mit einer Erfindung die ganze Welt, vor allem die unbekannte: Er erfand das Mikroskop. Was banal klingt, ist bei näherer Betrachtung revolutionär. Er war der erste, der in eine neue Dimension sehen konnte. Er hat die Meter-Welt überwunden! Er blickte durch die von ihm geschliffenen Vergrößerungsgläser und entdeckte eine ganz neue Welt. Er drang in die Mikrometer-Welt vor. Er sah →Bakterien. Zu seiner Zeit wusste man nichts von deren Existenz, weil man sie mit freiem Auge nicht sehen kann.

Wie spannend das gewesen sein muss! Er beschrieb Bazillen, →Kokken und →Spirillen, drei Bakterienformen. Aber – und das muss man sich vorstellen – er behielt das Geheimnis um die Herstellung der perfekt geschliffenen Linsen für sich. Es dauerte bis ins 19. Jahrhundert, bis bessere, mehrlinsige Mikroskope gebaut werden konnten. Van Leeuwenhoek hielt sein Wissen zurück, denn Wissen bedeutet Macht. Was war das nur für ein Mensch!

Ein Mensch jedenfalls, der auch ein Kind seiner Zeit war. Als er als Erster Zutritt zur Mikrometer-Welt erlangte, untersuchte er voller Begeisterung – natürlich: Spermien. Die Zeit, in der er lebte, wurde vom Aristotelischen Weltbild bestimmt, das vorgab, dass im Samen bereits der fertige Mensch enthalten sei, ein kleines Männchen, der Homunkulus. (Hier sei nebenbei bemerkt, dass in der deutschen Sprache noch immer das Wort »Samen« für Spermien benützt wird. Ein Fossil aus der Aristotelischen Lehre. Um den botanischen Begriffen treu zu bleiben, müssten wir »Pollen« sagen, nicht »Samen«. Denn Spermien sind, wie Pollen, noch unbefruchtet. Im Gegenteil zu befruchteten Samen. Aber wie gesagt, dies nur am Rande.) Der Frau wurde kein genetischer Beitrag zugestanden. Man wusste ja noch nicht, was Gene sind. Das Ziel, das dieses männlich dominierte Weltbild vorgab, war ganz klar: Mann zu werden. Kam man als Frau zur Welt, war etwas falsch gelaufen. An dieses Weltbild glaubte Antoni van Leeuwenhoek, und es beeinflusste ihn natürlich auch, als er die Spermien im Mikroskop ansah. In seiner starken Erwartungshaltung, nun den Homunkulus sehen zu können, sah er ihn: ein kleines, zusammengekauertes Wesen, mit einem kleinen Köpfchen, kleinen Ärmchen und kleinen Beinchen, das im Kopf des Spermiums saß. (Abbildung 2) Er kann ihn nicht gesehen haben. Doch als er die Grenze seiner bisher bekannten Welt überschritt, lenkte ihn sein Weltbild. Die Überlegung, ob in der Eizelle auch ein Homunkulus sein könnte, ob die Eizelle nicht auch etwas zur Entstehung eines Menschen beisteuerte, diesen Gedanken tat er damit ab, dass das nicht sein könne: »Ach, wie lächerlich!«

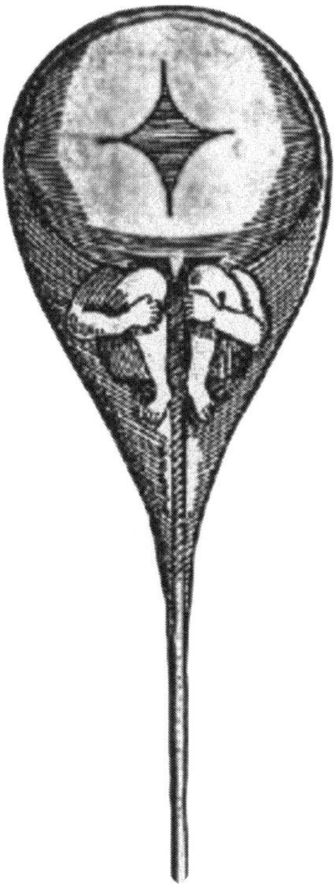

ABBILDUNG 2

Antoni van Leeuwenhoeks Sicht auf das menschliche Spermium

Van Leeuwenhoek war dermaßen davon überzeugt, dass im männlichen Spermium der kleine, fertige Homunkulus sein muss, dass er ihn durch seine Linsen sah. Sein Weltbild erlaubte ihm nicht zu erkennen, dass in weiblichen Eizellen etwas genau so Wichtiges enthalten sein könnte. Ein erschreckend gutes Beispiel für die Grenzen unserer Wahrnehmung. Als mildernden Umstand lasse ich natürlich gelten, dass die Qualität seiner Linsen wahrscheinlich nicht sehr gut war.

Diese Selbstsicherheit! Mich erstaunt diese Bestimmtheit, mit der Dinge behauptet werden, die man gar nicht wissen kann. Doch diese Sicherheit bewirkt, dass andere Menschen es glauben. Und die Behauptung wird zu einem Dogma. Zum Beispiel, dass die Sonne um die Erde kreist oder dass hinter dem Hindukusch die Welt aufhört. Die Menschen waren sich immer so sicher. So sicher, dass sie nicht einmal aufgebrochen sind, um nachzusehen. Daraus sind die – aus heutiger Sicht – absurden Weltbilder entstanden. Weltbilder im wörtlichen Sinne, also Landkarten. So wie jenes des Hekataios von Milet aus dem 6. Jahrhundert v. Chr. Es zeigt einen Teil von Europa, einen Teil von Westasien und den nördlichen Teil Afrikas, als Libyen bezeichnet. Rundherum ist Meer. Hier wird deutlich, wie sich ein Weltbild formt: aus genau den Fakten, die bekannt sind. Nicht weniger, aber auch nicht mehr: denn es waren zu wenige Fakten bekannt. Das wissen wir jetzt.

Wir wissen auch: Es gibt neun Planeten. Da sind wir uns sicher. Darüber werden unsere Nachfahren bestimmt lächeln. Denn der Zugewinn des Wissens hört nie auf. Noch nie wussten wir so viel wie heute: Dieser Satz wird immer Gültigkeit haben. Dazu kommt, dass wir das bestehende Wissen immer besser darstellen können. Ein geniales Beispiel dafür ist das Online-Lexikon Wikipedia. Ich habe einen ganz klaren Gedanken dazu: Es ist das großartigste Projekt, das die Menschheit je hatte. Es macht das Wissen, das die Menschen in Jahrtausenden gesammelt haben, für alle zugänglich, kostenlos. Eine geniale Idee! Dieser Gedanke ist für mich sehr versöhnlich. Denn das Tolle am Wissen ist, dass man es weitergeben kann und es nicht verliert. Das ist für mich die Basis der Demokratie und der Menschlichkeit! Natürlich kann man niemandem Wissen aufzwingen. Schließlich hat jeder die Freiheit und das Recht, nichts wissen zu wollen. Doch im Prinzip soll Wissen jedem zugänglich sein. Weil es so viel Missbrauch verhindern kann, weil die Menschen nicht mehr für blöd verkauft werden können, weil sie nicht mehr an alles glauben müssen, was sie hören. Wie an die Existenz des Homunkulus.

Es zeigt mir, wie wichtig es ist, nicht das Gefühl zu haben, schon alles zu wissen. Nicht zu glauben, dass wir ausgelernt hätten und unser Weltbild perfekt sei. Viele Menschen tun so allwissend, und das ist irritierend, lächerlich, nervend. Jede wissenschaftliche Disziplin versucht, ein möglichst vollständiges Weltbild zu erlangen, versucht, Instrumente zu entwickeln, um in neue Dimensionen vorzustoßen, die wir mit Augen und Ohren nicht wahrnehmen können. Doch selbst wenn das gelingt, bleibt die Frage offen, ob wir das, was wir sehen, richtig interpretieren.

Deuten wir die Signale richtig?

Wenn ich über mein persönliches Weltbild nachdenke, muss mir klar sein, dass ich nur die Dinge, die ich bereits wahrgenommen und gelernt habe, zu dessen Formung heranziehen kann. Das ändert sich natürlich täglich – auch in meinem Fachgebiet. Ich arbeite seit 30 Jahren als Wissenschaftlerin. Es ist unglaublich, wie sich in dieser eigentlich sehr kurzen Zeit das Weltbild – nicht nur mein eigenes – geändert hat. Allein die Tatsache, dass wir die →Sequenz des humanen →Genoms kennen. Das hat unser Weltbild revolutioniert. Dabei können wir erst einen Bruchteil davon deuten.

Es ist, als würden wir das Alphabet kennen, aber kein Spanisch sprechen. Als könnten wir die Buchstaben lesen, aber würden nicht wissen, was sie bedeuten. Das beschreibt in etwa den Zustand, in dem wir uns derzeit befinden. Viele der »Buchstaben« können wir interpretieren, für jene Gene, die uns bereits bekannt waren. Aber der Großteil der Buchstaben kodiert eben nicht diese klassischen Gene. Das ist das Spannende daran: dass noch so viele Details fehlen. Dass wir das Bild sehen, verschwommen, aber es immer schärfer wird, immer genauer. Mit jeder Entdeckung einer neuen genetischen Eigenschaft, und mit jedem Beweis, den wir führen. Und mit jedem Beweis, der das bereits Bekannte widerlegt. Wir sehen die meisten Dinge nicht ganz falsch, nur zu eng. Wir müssen unsere Theorien ständig erweitern, müssen unsere Theorien ständig an neue Erkenntnisse anpassen.

Genauso wichtig ist es, unser Weltbild ständig infrage zu stellen. Vieles von dem, was wir wissen, haben uns unsere Instrumente vorgeschlagen, unsere Mikroskope, unsere Teleskope, unsere Röntgenfilme, unsere →Mutanten, unsere →»Gele«, unsere Chips. Wir benutzen sie, um in Dimensionen hineinzusehen, die wir mit freiem Auge nicht wahrnehmen können. Deshalb sind bei jedem Signal, das wir empfangen, eine Interpretation notwendig und ein Kontrollsignal. Die Messung kann ungenau sein. Die Interpretation kann natürlich ebenso ungenau und subjektiv sein, unscharf. Doch sie führt uns, wenn sie verifiziert und von mehreren Seiten geprüft wurde, zu neuem Wissen.

Und was machen wir mit den Signalen, die im Rauschen untergehen? Da sind Millionen Signale und wir sind (noch) nicht in der Lage, sie einzeln wahrzunehmen, sie scharf zu stellen, sie zu interpretieren. Die meisten Wissenschaftler bezeichnen es als »noise«, also Lärm. Dabei ist das nur die Unfähigkeit, das Bild oder das Geräusch oder das Signal von anderen Signalen zu trennen: Da ist es, wir nehmen es wahr, sind aber unfähig, etwas damit anzufangen. Das frustriert mich ungemein, da werde ich ganz unruhig! Mich persönlich interessiert die Vielfalt der Signale, die unter der messbaren Rauschgrenze sind, am meisten, weil ich überzeugt bin, dass es dort eine viel höhere Diversität gibt, aus der sich viel Neues entwickeln wird können.

Für mich ist die Interpretation das Wesen der Wissenschaft. Aber auch der unsichere, der riskante Teil, wo wir die meisten Fehler machen, weil wir nicht ganz objektiv sein können (eben Kinder unserer Zeit sind). Es gibt Wissenschaftler, die sich nur mit Fakten beschäftigen, zum Beispiel dem Winkel zwischen zwei →Atomen. Sie stellen einen Zahlenwert fest. Der ist mit einer sehr hohen Wahrscheinlichkeit und unter den angenommenen Bedingungen richtig. Er ist Fakt. Für mich ist das zwar sehr wichtig, aber ohne die Interpretation, was dieses Faktum in der Folge für eine Funktion hat, völlig uninteressant. Ich möchte wissen, was ich davon ableiten kann, dass zwei Atome in diesem bestimmten Winkel zueinander stehen. Diese Interpretation kann falsch sein, sie kann persönliche Schwankungen enthalten, sie kann aufs Glatteis führen. Ich begebe mich in meiner Arbeit ständig auf Glatteis. Doch würde mich die Wissenschaft überhaupt nicht interessieren, wenn es nicht so wäre. Wenn ich nicht versuchen würde, die Fakten zu allem, was ich gelernt und erfahren habe, zu allem, was ich weiß, in Bezug zu setzen. Ich möchte sie benutzen. Ich möchte eine persönliche Philosophie daraus ableiten. Wie wird B von A beeinflusst? Und umgekehrt?

Aber Vorsicht!

Denn genau hier machen viele Wissenschaftler – und auch Pseudowissenschaftler, →Esoteriker und Wissenschaftsgegner, die polemisieren – einen großen Fehler: Sie sehen eine →Korrelation und konstruieren daraus eine →Kausalität. Das ist gefährlich, weil es unser Weltbild so stark und so leicht beeinflusst. Weil es vielleicht zu unserem Wunschdenken passt, weil wir es so haben wollen.

Ein Beispiel: Ich beobachte, dass sich B immer dann verändert, wenn sich auch A verändert. Das ist Korrelation. Aber besteht zwischen A und B auch ein kausaler Zusammenhang? Verändert sich B, weil A sich verändert, oder ist das Zufall? Hier ein Beispiel aus der Theorie des →»Spaghettimonsters«. (Diese Theorie ist eine Parodie auf den Schöpfergott: siehe Glossar.) Sagen wir, A ist die Anzahl der Piraten in den Weltmeeren. Und B der Anstieg der globalen Temperatur. Beobachte ich beide, stelle ich fest: Steigt B, so sinkt A. Mit Anstieg der Temperatur des Meeres nimmt also die Anzahl der Piraten ab. Eine eindeutige Korrelation! Aber es gibt keinen kausalen Zusammenhang, es passiert einfach nur gleichzeitig. Was fehlt, ist das Kontrollexperiment. Da dieses nicht durchführbar ist, ist es eine schlechte Theorie. Aber ein geniales Erklärungsbeispiel.

Solche Schlüsse werden – bewusst oder unbewusst? – benutzt, um Menschen zu manipulieren und zu beeinflussen. Noch ein Beispiel, das zeigt, wie das funktioniert: Die gentechnisch veränderten Lebensmittel werden mehr. Die Allergien nehmen auch zu. Das wird von den Gegnern der Gentechnik in Korrelation gesetzt und falsch interpretiert: Gentechnisch veränderte Lebensmittel verursachen Allergien. Doch gibt es diesen kausalen Zusammenhang? Hätte man in Österreich vor zehn Jahren eine Umfrage gemacht, ob die Leute glauben, dass die Zunahme der Allergien bei Kindern mit der Zunahme der Gentechnik zusammenhängt, wäre mit Sicherheit eine eindeutige Antwort herausgekommen: Ja. Zu einem Zeitpunkt, an dem es in Österreich noch gar keine gentechnisch veränderten Produkte gab. Solche Korrelationen kann man ganz einfach aufstellen. Den kausalen Zusammenhang zu beweisen, ist hingegen sehr, sehr schwierig. Damit wird viel Missbrauch getrieben. Das ist wirklich ein großes Problem: Die Menschen glauben so gerne an Korrelationen. Sie lieben es regelrecht, Korrelationen zu beobachten und Kausalitäten vorzuschlagen.

Weil nur das ist, was sein »darf«. Weil wir gerne glauben, was offensichtlich scheint. Weil es so vernünftig erscheint. Und weil es die geistige Trägheit ist, die uns daran hindert, von einem lieb gewonnenen Weltbild oder einer Wunschvorstellung Abschied zu nehmen. Deshalb war es auch für Antoni van Leeuwenhoek logisch, dass im Spermium der kleine Homunkulus sitzt. Deshalb meinte er auch, der Gedanke, dass er in der Eizelle sitzen könnte, sei lächerlich. Die Wahrheit über das Erbgut, dass es zu fast gleichen Teilen aus der weiblichen Ei- und der männlichen Samenzelle zu einem »Homunkulus« verschmilzt, konnte er nicht wissen. Er wusste nichts von Genen und nichts von →Zellen. Er wusste nur vom Homunkulus. Und dieses vermeintliche Wissen hatte Einfluss auf seine Wahrnehmung.

Genau hier ist die Grenze.

Die Grenze wird einerseits von der Unzulänglichkeit unserer Instrumente und unserer Sinne gezogen, andererseits vom Zeitgeist. Davon, dass Dinge, die nicht sein sollen, auch nicht sein werden. Von der Blindheit, der Verblendung, die uns Dinge anders wahrnehmen lässt. Es ist ihm nicht aufgefallen, dass in den Spermien von Pferden kein kleines Pferd ist. Er hat keinen Zusammenhang hergestellt. Er hat es einfach nicht hinterfragt. Wir dürfen nicht zu Antoni von Leeuwenhoeks werden. Wir müssen uns lösen von dem, was uns der Zeitgeist diktiert. Sonst tappen wir in die Falle, in die auch er getreten ist, wischen Neues vom Tisch und sagen: »Ach, wie lächerlich!«

KAPITEL 2

Glauben und Wissen

Oder: Zwei Bäume der Erkenntnis

Jeder Mensch hat die Wahl. Er kann sich entscheiden, woran er sich orientiert. Wahlmöglichkeit Nummer eins: Er schließt sich einer Glaubensgemeinschaft an. Er bekommt sein Weltbild dogmatisch präsentiert, fix und fertig, auf dem Tablett serviert. Er hinterfragt vieles nicht. Die meisten Menschen haben sich für die →Glaubensgesellschaft entschieden, vielleicht sogar alle. Denn es ist sehr schwer, dieser Wahlmöglichkeit zu entkommen. Weil sie allgegenwärtig ist, egal, in welchem Land man lebt – Religion ist überall. Es ist fast unmöglich, sich ein Weltbild zu machen, ohne von religiösen Dogmen beeinflusst zu sein.

Wahlmöglichkeit Nummer zwei: Der Mensch entwickelt ein Weltbild, das rationell ist, also auf Wissen basiert. Das ist sicherlich meine Wahl: das Weltbild einer →Wissensgesellschaft. Es unterscheidet sich enorm von Nummer eins, denn es ist individuell. Es ist nicht allgemeingültig, es wird nicht von jedem angenommen. Sondern es gilt für diese eine Person, die es aufstellt, und hängt damit zusammen, was diese Person weiß, welche Erfahrungen sie gemacht hat, welche Erinnerungen sie in sich trägt, wie ihre Persönlichkeit geformt ist. Es ist so individuell, dass es so viele Weltbilder wie Menschen auf dieser Welt geben könnte.

Ich frage mich oft, warum der Glaube so erfolgreich ist.

Warum sind Glaubensgemeinschaften oder Glaubensgesellschaften so erfolgreich im Vergleich zu Wissensgesellschaften? Denn diese sind nicht erfolgreich – schon allein deshalb, weil es sie eigentlich gar nicht gibt. Noch nicht. Er ist ein Wunschgedanke, jener Traum von einem säkularen Staat und einer Gesellschaft, die auf Wissen baut. Der Weg dahin ist noch sehr weit. Es gibt zwar sehr viel Wissen, das auch große Bereiche dominiert, aber unsere Gesellschaft ist noch nicht wissensbasiert. Ist es überhaupt möglich, eine Gesellschaft zu etablieren, die frei ist von Glauben, die frei ist von Ideologie? Ideologie ist eine Sehnsucht, das Streben nach einem Ideal. Ist es also schon ideologisch, nach einer Welt zu streben, die frei ist von religiösem Glauben? Sie ist eine Utopie, diese ideologiefreie Gesellschaft. Es wäre aber so einfach, weil man nur die religiösen Gebote durch Umgangsformen und Gesetze ersetzen müsste, die rationell erstellt werden. Diese Gesetze können sich wie alles im Leben ändern und sich den sich ständig ändernden Rahmenbedingungen anpassen.

Es gab immer wieder Gesellschaftsformen – wie etwa die kommunistische Gesellschaft –, die atheistisch waren, die Religionen abgelehnt, sie aber auch verboten und verfolgt haben. Diese Gesellschaften waren keine Wissensgesellschaften, sondern sehr stark ideologisch geprägte, in denen der religiöse, indoktrinierte Glaube durch andere Inhalte ersetzt wurde, die in die Köpfe der Menschen noch viel stärker eingehämmert wurden, als es Religionen machen würden. Das lehne ich noch mehr ab. Es sollte Rahmenbedingungen geben, innerhalb derer man sich frei entfalten kann. Natürlich ist das sehr, sehr schwierig. Und es ist Teil der

Antwort auf die Frage, warum Glaubensgesellschaften so erfolgreich sind.

Weil sie Sicherheit geben.

Weil die christliche Kirche an einer Bibel festhält, die seit Jahrhunderten unverändert geblieben ist. Weil Dogmen aufgebaut wurden – wie die Schöpfung –, die sich nicht verändern, nicht verändern dürfen. Und darin liegt der Erfolg. Denn eigentlich haben die Menschen es gern, dass Dinge unverändert bleiben. Denn das verleiht enorme Sicherheit, in der Menschen sich geborgen fühlen, vor allem schwache Menschen. Ihnen ist der Glaube eine unveränderliche, verlässliche Stütze. Das Gefühl der Sicherheit spielt der Trägheit des Menschen natürlich in die Hände. Denn der Mensch fühlt sich sicher in dem Wissen, dass es den lieben Gott gibt, der alles erschaffen hat und dass sich daran auch nichts ändern wird. In der Unsicherheit hängt der Mensch in der Luft, und das hält er nicht aus: wenn nichts sicher ist, er auf nichts aufbauen kann, es kein Fundament gibt. Die Sicherheit, die mit der Trägheit, mit dem Nicht-Ändern-Können-Wollen korrespondiert: Das ist es, was Glaubensgemeinschaften so erfolgreich macht.

Aber die Sicherheit kostet. Ihr Preis heißt: Entmündigung.

Sie entmündigt die Menschen so weit, dass sie nicht vom Glauben losgelöst denken können, es gar nicht wagen, über die Grenzen hinaus zu denken. Weil es tabu ist. Weil es gar nicht erwünscht ist. Weil es ja auch zu nichts führen würde. Es ist für mich kein Wunder, dass man von den Früchten des Baums der Erkenntnis nicht essen darf. Denn die Menschen sollen keine eigenen Erkenntnisse haben. Die Erkenntnis, das Wissen, bleibt bei den Mächtigen und dient zum Erhalt ihrer Macht. Das haben Religionen und Politik gemeinsam: dass es um den Erhalt der Macht geht und nicht um das Wohl des Individuums. So funktionieren die meisten Gesellschaften. Das ist der absolut konträre Ansatz zu jenem, den ich für mein Weltbild habe: dem der wissensbasierten Gesellschaft.

Die Wissensgesellschaft, die leider absolut unbeliebt ist.

Weil sie unsicher ist, unbequem. Weil sie sich ständig ändert, ja ständig ändern muss. Sie evolviert wie das Leben selbst. Alles im Universum ändert sich ständig. Die Faktoren, die zum Erfolg der Glaubensgesellschaft führen, fehlen in der Wissensgesellschaft. Dazu zählt erstens die Konstanz. Wissen ist keine Konstante, Wissen ist eine Variable. Hier kann ich Ludwig Wittgensteins Gedanken gut nachvollziehen, dass man über das, worüber man nichts sagen kann, schweigen muss. Die Erkenntnis, dass es nur wenige Tatsachen gibt, auf denen man mit Sicherheit aufbauen kann, schmerzt. »Die Welt ist die Gesamtheit der Tatsachen, nicht der Dinge.« Für mich als Naturwissenschaftlerin sind es unsere klaren wissenschaftlichen Beweise, die als Tatsachen dienen, um ein Weltbild aufzubauen. Unser Wissen, vor allem das individuelle Wissen, ändert sich täglich. Jeder Mensch hat sein Wissen, das abhängig davon ist, welche Erfahrungen er gemacht hat. Es ist immer unsicher. Und es sollte nicht ideologisch geprägt sein. Das ist eine schwierige Gratwanderung. Denn die Gesellschaft soll zum Ziel haben, dass es den Menschen gut geht, dass sie gedeihen. Aber es darf ihnen nicht vorgeschrieben werden, was gut für sie ist. Dass muss sich jeder einzelne selbst überlegen, die Diversität der Menschen sollte nicht zu sehr eingeschränkt werden. Eine wichtige Erkenntnis der Wissensgesellschaft ist wohl, dass Variabilität und Diversität anzeigen, wie fit eine →Population ist.

Toleranz ist notwendig für eine Wissensgesellschaft. Intoleranz auf der anderen Seite ist ein Erfolgsfaktor der Glaubensgesellschaft. Je intoleranter, desto erfolgreicher ist sie.

Desto eingeschränkter sind die Menschen und desto mehr orientieren sie sich an dem, was sicher ist: den religiösen Dogmen. Dieselben Dogmen, die Menschen Dinge machen lassen, für die sie nicht die Verantwortung tragen. Sie begehen Taten im Namen ihrer Religion, im Namen Gottes, die sie nie begehen würden, würden sie selbst dafür zur Rechenschaft gezogen, wären sie selbst verantwortlich für ihre Entscheidungen. Das ist ein ganz typisches Verhalten in einer Glaubensgesellschaft.

Meine Vorstellung von einer Wissensgesellschaft ist, dass der Mensch für seine Taten selbst verantwortlich ist. Dass er mündig ist und für seine Haltung gerade stehen muss. In dem Moment, in dem ein Mensch sich von seinem religiösen Glauben befreien kann, kann er selbstverantwortlich handeln und seine eigene Kreativität entdecken. Er entdeckt, dass er selbst Dinge bewirken kann. Er kommt aus seiner religiösen Ohnmacht heraus und kann sein Leben selbst in die Hand nehmen. Er ist ab diesem Moment nicht mehr der Willkür des allmächtigen Gottes ausgeliefert, der eine Sintflut schickt und damit die Menschen tötet. Der ungarischstämmige Kreativitätsforscher Mihály →Csikszentmihályi bringt das ganz wunderbar auf den Punkt:

»Die Kreativität gibt unserem Leben den ganzen Sinn.«

Ich möchte den Unterschied zwischen einer Glaubensgesellschaft und einer Wissensgesellschaft an einem Beispiel verdeutlichen. Darin spielt Syphilis, eine Infektionskrankheit, eine wichtige Rolle. Und Paul →Ehrlich, Chemiker und eigentlich der Erfinder der Chemotherapie, der diese Krankheit bekämpfen wollte. Er versuchte, ein Medikament gegen Syphilis zu entwickeln, und behandelte an Syphilis leidende Prostituierte. Er wurde von konservativen Denkern an den Pranger gestellt, weil Syphilis eine Strafe Gottes für die Unkeuschheit der Prostituierten sei. Und weil er dem allmächtigen Gott ins Handwerk pfuschte. Für die Kirche war es damals – Paul Ehrlich lebte in der zweiten Hälfte des 19. Jahrhunderts – eigentlich ganz wunderbar, dass es die Syphilis gab. Denn sie konnte sie als Strafe Gottes darstellen und die Menschen drängen, sich so zu verhalten, wie sie das für richtig hielt. Dieses Thema zieht sich quer durch alle Religionsgemeinschaften: die Bestrafung. Die Macht, die von oben kommt. So wie die Sintflut als Strafe Gottes, dem, als er auf die Erde blickt, nicht gefällt, was er sieht. Und der einfach alle umbringt. Ich lehne diese Gedankenmuster vollkommen ab.

Es hat sich im Lauf der Jahrhunderte leider nicht viel geändert. Bis heute geistert der strafende Gott durch die Köpfe der Gläubigen. Ich denke etwa an Gerhard Maria Wagner, den katholischen Pfarrer des österreichischen Örtchens Windischgarsten, der das Erdbeben auf Haiti im Januar 2010 und den Hurrikan Katrina 2005 als Strafe Gottes bezeichnete. Er sagte, es könne kein Zufall sein, dass in New Orleans nicht nur alle Nachtclubs und Bordelle, sondern auch alle fünf Abtreibungskliniken vernichtet worden seien. Er fand es auch »interessant«, dass »auf Haiti 90 Prozent der Bewohner Anhänger von Voodoo-Kulten sind«. So etwas Dummes. Das entsetzt mich. Für einen Menschen, der solche Aussagen macht, empfinde ich reine Verachtung. Denn er müsste es eigentlich besser wissen. Es ist ein Reflex, den viele religiöse Menschen haben: dem Übermächtigen die Kontrolle und die Verantwortung zu überlassen.

Daran kann man erkennen, wie wichtig Kreativität ist. Wie wichtig es ist, dass der Mensch erkennt, was – wie in unserem Beispiel – Infektionskrankheiten sind und lernt, wie man sich davor schützen kann. Denn dann kann er das Problem in die Hand nehmen und selbst die Verantwortung für dessen Lösung tragen.

Und dann gibt es da noch einen wichtigen Faktor, der die Glaubens- von der Wissensgesellschaft unterscheidet: den Zufall. Religionen sind an einem Ziel orientiert. Der Jüngste Tag, alles, was sie anstreben, befindet sich im Jenseits. Das gesamte religiöse Handeln ist zielgerichtet, es strebt diesen nicht definierbaren Zustand des »Seins« im Jenseits an. Wenn man aber als Mitglied einer wissensbasierten Gesellschaft, als Naturwissenschaftler die Evolution beobachtet, wird deutlich, dass sie nicht zielgerichtet ist. Der Naturwissenschaftler, der Darwinist, erkennt relativ bald, dass in der Natur kein Ziel ist, keine Idee, wonach das Ganze strebt. Sie entwickelt sich, wie sie sich eben entwickelt, da ist viel dem »Zufall« überlassen. Es entstehen Dinge aus einer enormen, für uns unvorstellbar hohen Anzahl an Möglichkeiten. Und das, was sich am besten durchsetzen kann, überlebt und vermehrt sich. Das ist der wahre Atheismus. Das ist es, was die meisten religiösen Menschen nicht ertragen: dass sie ein Produkt des Zufalls sind. Kein schöner Gedanke Gottes, sondern ein seltener Zufall. Doch das sind wir nun mal. Deshalb sind wir nicht weniger wert, finde ich.

Das macht es dem Atheisten dann schwer, nach Lösungen zu suchen, denn jede Lösung für ein Problem ist nur für eine kurze Zeit gültig und brauchbar. Denn wie alles im Leben ändern sich auch die Probleme, die Aufgabenstellungen, die Rahmenbedingungen, in denen sich Probleme bewegen. Es gibt einfach keine endgültige Lösung, keine ideale Lebensform, die ewig gültig und brauchbar wäre, weil sich alles verändert, alles in Bewegung ist und wir uns ständig anpassen müssen. Auch unsere Weltbilder. Nur diejenigen überleben, die sich den sich ständig ändernden Rahmenbedingungen anpassen können.

Das Leben ist ständig im Wandel.

Das führt uns zu der Frage, was Leben ist. Es ist leichter zu sagen, was Leben *nicht* ist: etwas, das sich nicht bewegt und das sich nicht verändert. Was also ist etwas, das nicht zielorientiert ist? Es ist eben kein Vektor, der in eine Richtung geht. Es geht wahrscheinlich, aber nicht gewollt in eine Richtung. Aber es kann wieder zurückkommen, es kann sich im Kreis drehen, es kann von einem Zentrum ausgehen und zu sich selbst zurückkehren. Unsere Welt, unser Denken, unser Wissen ist immer linear dargestellt. Wir entwickeln sogar Lebensstrategien, die im Idealfall einem linearen Verlauf folgen. Das Leben ist in meinen Augen nicht linear. Nur wenn man zurückblickt, ergibt sich ein lineares Bild, weil man alle Verzweigungen wegblenden kann. Wenn man aber nach vorne blickt, erwartet man eine Linearität, doch die Verzweigungen sind die Regel. Das Leben kann in so viele Richtungen gehen. Wie das Paradoxon der Stammbäume: Egal, ob man sie vorwärts oder rückwärts betrachtet, es verzweigt sich in beide Richtungen.

Die Natur geht aber nicht den kürzesten Weg.

Das wird klar, wenn ich allein die Entstehung neuen Lebens, die Entwicklung eines Embryos betrachte: Da werden hunderttausende Zellen hergestellt. Oft geht eine einzige in die nächste Phase über. Alle anderen werden in den kontrollierten Zelltod geschickt. Die Natur, die Evolution ist sehr verschwenderisch, großzügig und sicher nicht linear und zielorientiert. Deswegen ist es auch viel schwieriger, sich zu orientieren. Man darf seine Orientierung nicht in einer Linie suchen, sondern muss nach rechts und links schauen und offen sein für das, was dort passiert. In der Evolution gibt es eine bestimmte Wahrscheinlichkeit, dass ein Ereignis stattfindet. Aber es kann auf viele Milliarden verschiedene Arten stattfinden, zu einem bestimmten Zeitpunkt – oder auch nicht. Das Ereignis, welches dann tatsächlich stattfindet, das bezeichnen wir als Zufall. Und diese Begriffe, »Zufall« und »Wahrscheinlichkeit«, sind für uns Menschen nur schwer vorstellbar. Das ist wie Würfeln. Deshalb fällt es vielen leichter, an einen göttlichen Plan zu glauben, einen linearen, zielgerichteten, von außen gesteuerten Plan. Religiöse Menschen nehmen an, dass Gott nicht würfelt.

Erst im Rückblick ist in der Evolution eine Linie erkennbar. Würde man aber noch einmal alles auf Anfang setzen, würde der ganze Prozess sicher anders ablaufen. Das ist ein Gedankenexperiment, das Stephen Jay →Gould, ein amerikanischer Evolutionsbiologe, gewagt hat. Er fragte, ob, wenn man das Spiel des Lebens noch einmal spielen könnte, es zum gleichen Ergebnis kommen würde. Die Frage ist mit ziemlicher Sicherheit mit »Nein« zu beantworten. Die Wahrscheinlichkeit, dass diese abermilliarden Ereignisse zweimal identisch stattfinden, ist verschwindend gering. Es ist auf jeden Fall unvorhersehbar. Das kann man auf jeder Ebene beobachten. Pflanzt sich beispielsweise ein Paar fort, ist die Wahrscheinlichkeit, dass es zweimal genau das identische Kind bekommt, (fast) gleich null. Das heißt, im Grunde ist jedes Kind einzigartig und entsteht aus der Vielfalt der Möglichkeiten, die es gibt. Das Produkt vieler Einzelereignisse, die alle mehr oder weniger zufällig waren. Deshalb sind wir ganz instinktiv auch gegen das Klonen: weil dabei genau das entsteht, was es in der Natur nicht gibt (sieht man von eineiigen Mehrlingen ab).

Diese Wahlmöglichkeit, ob man gläubig ist oder sich auf sein Wissen beruft, begegnet uns in allen Bereichen unseres Lebens. Und sie beeinflusst auch, was wir an unsere Kinder – an diese wunderbaren Geschöpfe des Zufalls – weitergeben. Und es verunsichert uns: Sollen wir ein Ziel in der Erziehung haben? Eine Ideologie? Antiautoritär, katholisch? Sollten wir ein klares Konzept haben? Es dem Zufall überlassen? Diese Fragen haben mich natürlich bei der Erziehung meiner beiden Söhne auch beschäftigt. Und ich habe mich ganz bewusst dafür entschieden, eben keine Ideologie zu haben, keinen Plan, kein erzieherisches Ziel zu verfolgen. Sondern vielmehr zu schauen, was in meinen Kindern steckt, und mich zu bemühen, sie darin zu unterstützen, ihre angelegten Fähigkeiten entfalten zu können und ihre Schwächen zu überwinden oder zu akzeptieren. Zu sehen, dass sich jeder Mensch individuell formen kann, dass es eine Diversität gibt und nicht alle gleich sind. Das Gegenteil von dieser meiner Vorstellung ist eine Diktatur, in der die Kinder gleich angezogen sind und sogar den gleichen Gesichtsausdruck bekommen. Nichtpersönlichkeiten. Im gleichen Glauben (woran auch immer) erzogen. Die Gläubigkeit übergestülpt bekommen.

Doch kommt der Glaube allein aus der Erziehung?
Oder tragen wir ihn in uns?

Der Genetiker Dean →Hamer warf eine interessante These auf. In seinem Buch »The God Gene. How Faith is Hardwired into our Genes« (»Das Gottes-Gen. Wie der Glaube in unseren Genen verankert ist«) untersucht er die genetische Veranlagung dazu, an Gott zu glauben oder nicht. Mein Gedanke dazu ist folgender: Es wurden über Jahrtausende jene Menschen von den religiösen Gesellschaften selektiert, die gläubig sind. Denn gläubige Menschen haben mehr Kinder, sie werden immerhin dazu aufgerufen, so viele Kinder zu haben – denn es ist Gottes Wille. Sie bekommen so viele Kinder, wie sie glauben, durchbringen zu können. Damit entsteht evolutionär ein menschliches Verhalten, das geprägt ist von Anpassung an die religiösen Gebote. Diese Menschen haben eher wenig Zivilcourage (sie handeln im Namen Gottes), gehen wenig Risiko ein, unterwerfen sich und tun das, was das System erhält. Die Ungläubigen wurden verfolgt, ausgestoßen und oft hingerichtet. Das wiederum macht das System der Glaubensgesellschaft noch erfolgreicher. Die Erfindung Gottes als System ist im Grunde genial! Sie ist die genialste Idee der Menschheit. Es ist nämlich nicht so, dass Gott die Menschen nach seinem Ebenbild erschaffen hat. Nein, es ist genau umgekehrt: Die Menschen haben Gott erschaffen. Gott ist ein Produkt der männlichen Eitelkeit. Und beim monotheistischen Gott handelt sich um ein Instrument, mit dem man Menschen beherrschen kann, sie manipulieren, sie dazu zwingen, viele Kinder zu bekommen, sie dazu bringen, jene, die anders sind, umzubringen. Das bereitet den Boden für Diktaturen vor. Und ist erfolgreich. Evolutionär führt es dazu, dass religiöse Gemeinschaften sich stärker vermehren als losgelöste freie Menschen. Auch heute noch.

Gott ist die stärkste Waffe der Menschheit.

Ich würde also sagen: Gläubigkeit ist nicht eine Frage der Gene. Es ist ein Verhalten, das auf Dauer selektiert wurde: die →Selektion einer Verhaltensweise, die beinhaltet, dass man sich fleißig reproduziert. Dass man sich unterordnet und Opfer für Gleichgesinnte bringt. Darum geht es schließlich und endlich in der Evolution: viele Kinder zu haben, die wiederum viele Kinder haben, die wieder viele Kinder haben. Und jene, die keine Kinder bekommen, aber trotzdem in der Gemeinschaft dienen, erhöhen den Reproduktionserfolg der Gruppe. Denn die Spezies, die sich am erfolgreichsten vermehrt, gewinnt am Ende über andere. Aber auch hier gibt es ein schönes Beispiel aus der Biologie, welches unsere Grenzen aufzeigt: Ein →Virus, das sehr →virulent ist, vermehrt sich sehr stark – bis zu dem Augenblick, an dem es seinen Wirt umbringt. Genau so geht es uns Menschen auch. Wir vermehren und vermehren uns, wir sind virulent geworden, wir sind in einer →Amplifikationsphase, wie sie es zuvor nie gegeben hat. Das ist jetzt eine unsichere Annahme, denn das wissen wir nicht. Aber es ist sehr wahrscheinlich, dass es noch nie auf unserem Planeten eine so hohe Dichte an menschlichen Bewohnern gab.

Im letzten Jahrhundert haben wir uns enorm schnell vermehrt, viel schneller als je zuvor. Und es gab kaum Selektion – im Moment liegt wenig Selektionsdruck auf uns. Die Sterberate bei Säuglingen war früher sehr hoch. Das heißt, man musste sehr viele Kinder bekommen, um eines durchzubringen. Heute überlebt so gut wie jedes Kind. Das bedeutet, dass wir in einer sehr schnellen, steilen Wachstumsphase sind. Man kann sehr gut den Vergleich zu einer Bakterienkultur ziehen: Diese wächst exponentiell, wenn sie genug Nahrung hat und keinem Stress ausgesetzt ist. Wenn Nahrung zu wenig wird, die Dichte zu hoch und andere Stressfaktoren dazukommen, kommt die Bakterienkultur in eine stationäre Phase. Überleben kann diese Bakterienpopulation nur durch das Bewältigen der Stresssituation, in der die Kolonie ihre gesamten Regeln, Gesetze und Vorsätze ändern muss.

Wir sind auf Wachstum ausgelegt. Wachstum, Wachstum, Wachstum. Jeder kann sich ausmalen, dass auch wir Menschen irgendwann in die stationäre Phase übergehen müssen. Sechs Milliarden sind für den Planeten ohnehin schon viel zu viel, meine ich. Wir können uns an den Bakterien ein Beispiel nehmen. Wenn sie von der exponentiellen in die stationäre Phase übergehen, bedienen sie sich eines tollen Mechanismus: Sie adaptieren. So muss sich auch unsere Gesellschaft adaptieren, muss sich anpassen und sich von dieser Ideologie des Wachstums und des Vermehrens abwenden. Sie muss übergehen in die stationäre Phase, indem sie neue Regeln aufstellt. In der Stasis – dem Stillstand – wird der Selektionsdruck wiederum viel höher. Da kommt es auf andere Eigenschaften an. Aber trotzdem wird gelten: Wer sich reproduziert, nimmt an der Evolution teil. Wer nicht, spielt auch eine wichtige Rolle, seine Gene aber werden nicht weitergegeben. Um diese stationäre Phase zu erreichen, braucht es alle Disziplinen: Psychologie, Soziologie, Wirtschaft. Wie würden wir unsere Wirtschaft aufbauen, wenn sie nicht auf Wachstum ausgerichtet wäre?

Eine spannende Frage. Eine niederschmetternde Frage.

Denn wir müssen erkennen, dass es nur die Fortpflanzung, die Vermehrung ist, die uns antreibt. Das reduziert uns auf die gleiche Ebene wie alle anderen Lebewesen. Und das wollen wir nicht sehen. Doch wir haben keine Wahl. Wir können nicht so weitermachen wie bisher. Denn wenn wir in unserer virulenten Reproduktion weiterhin so erfolgreich sind, bringen wir unseren Wirt um, die Erde. Stirbt der Wirt, stirbt auch das Virus. Deshalb passen sich Viren an ihre Wirte an, denn nur diese überleben. Für die wissensbasierte Gesellschaft bedeutet der Eintritt in die stationäre Phase: Umdenken! Damit haben wir eigentlich schon begonnen. Die grüne Bewegung, Recycling, Empfängnisverhütung, Bildung, hohe Lebensqualität, das sind alles Dinge, die uns nicht zufällig eingefallen sind.

Wir brauchen für die religiösen Menschen ein elftes Gebot: Vermehret euch nur so weit, dass euer Planet nicht zugrunde geht.

Doch das wäre wieder ein Dogma. Und das ist das große Problem, das ich mit Religion habe: dass sie dogmatisch ist. Denn das ist mit demokratischen Grundsätzen nicht vereinbar – obwohl der Beitritt zu einer religiösen Gemeinschaft eine persönliche Angelegenheit ist und für jeden individuell zugänglich sein muss. Doch eine religiöse Dogmatik ist mit einer demokratischen Staatsform nicht kompatibel. Eine demokratische Gesellschaft ist nur durch den allerhöchsten Bildungszustand der Bevölkerung erreichbar.

Eine Wissensgesellschaft, wie ich sie mir wünsche, ist flexibel, ist unbequem, ist anpassungsfähig. Sie ist aufwendiger, anfänglich verunsichernd. Aber sie ist der einzig richtige Weg. Und im Endeffekt, vielleicht am Ende einer langen Wissenssuche, finden wir Lösungen, die dann mit unserer Vorstellung von Ethik vereinbar sind.

Und ist es nicht das, was uns Menschen auszeichnet?

KAPITEL 3

Was ist Leben?

Oder: Schroeder meets Schrödinger

Diese Frage – »Was ist Leben?« – ist eigentlich keine gute Frage. Weil sie sehr schwer zu beantworten ist, vielleicht sogar überhaupt nicht. Weil man Stunden und Tage darüber sprechen kann, ohne am Ende zu einer klaren Antwort zu gelangen. Den Versuch einer Antwort haben vor mir schon viele Leute unternommen, Wissenschaftler, Theologen. Wahrscheinlich hat sich jeder einzelne schon einmal gefragt, worin das Leben eigentlich besteht. Und nun stelle ich, Naturwissenschaftlerin, diese Frage. Doch bevor ich mich der Antwort wissenschaftlich nähern kann, muss ich das Leben erst einmal definieren.

Erwin →Schrödinger, Physiker, Nobelpreisträger und Begründer der Quantenmechanik, hat der Frage ein ganzes Buch gewidmet. Und ich möchte ihm und seinem berühmten Buch »Was ist Leben?« dieses Kapitel widmen, denn er hat einen riesigen Schritt getan: Er hat die Physik verlassen und sich mit der Biologie eingelassen. Er, der große Physiker, hat eine biologische Frage gestellt. Und ihm war bewusst, dass das ganz und gar nicht selbstverständlich ist. Schon gar nicht zu seiner Zeit, in den 1940er Jahren. In »Was ist Leben?« schreibt Erwin Schrödinger im Vorwort: »Bei einem Mann der Wissenschaft darf man ein unmittelbar durchdringendes und vollständiges Wissen in einem begrenzten Stoffgebiet voraussetzen. Darum erwartet man von ihm gewöhnlich, dass er von einem Thema, das er nicht beherrscht, die Finger lässt. Das gilt als eine Frage der Noblesse oblige.«

Das ist natürlich eine sehr männliche und antiquierte Betrachtungsweise. Sie lässt sehr gut den Zeitgeist erkennen, der Schrödinger umgab. Männlich deshalb, weil Frauen vernetzt handeln und keine Territorien abgrenzen. Diese Disziplinierung, dass man nur über Dinge sprechen darf, die man bis ins Letzte versteht, spiegelt eine starke Monopolisierung von Wissensdisziplinen wider. Eine Territoriumsabsicherung. Das ist anti-interdisziplinär. Heutzutage möchte man doch zwischen den Disziplinen und über die Disziplinen hinaus die Dinge betrachten. Und genau das möchte ich in diesem Kapitel tun (schon allein deshalb, weil ich eine Frau bin). Ich möchte die Wissenschaft disziplinenübergreifend einem möglichst breiten Publikum öffnen. Das ist ein Grundelement der Wissensgesellschaft und die Voraussetzung für eine demokratische Kultur.

Ich bin Schrödinger sehr dankbar, dass er das Thema Leben mit den Augen eines Physikers betrachtet hat und sich dabei die Augen des Biologen zu eigen gemacht hat. Ein Biologe bewegt sich in der Meterwelt (siehe Kapitel 1), ein Mikrobiologe untersucht Kleinstlebewesen und bewegt sich in der Mikrometerwelt, denn einzellige Lebewesen sind ungefähr ein paar Mikrometer groß. Schrödinger, als Physiker, bewegte sich in der →Pico- und →Femtometerwelt der Teilchenphysik. Ich bin Chemikerin und meine Welt ist die Nanowelt, die Welt der Atome und Moleküle. Diese sind die Substanzen, die in meinen Augen das Leben, das biologische Leben ausmachen.

Wenn man als Chemikerin Leben definieren will, merkt man sehr bald, dass der Begriff sinnlos wird. Leben ist ein momentaner, zeitlich begrenzter Zustand von Materie (falls es Materie überhaupt gibt, das wird ja auch bereits von einigen Physikern infrage gestellt).

Wenn ich uns mit dem atomaren Auge genauer betrachte, dann kann ich Leben definieren als das Ergebnis der Wechselwirkung einer enorm hohen Anzahl von Atomen und Molekülen, die sich selbst ordnen.

Sie wirken so untereinander, dass diese dynamischen kleinen »Wesen« kurzfristig in einem Zustand sind, den wir als »Leben« bezeichnen. Bedenken Sie, dass die meisten Atome, die sich in Ihrem Körper aufhalten, das nur für eine relativ kurze, bestimmte Zeit tun. Nichts ist dabei statisch, alles ist im Werden, in Veränderung, in Bewegung. Dann wechseln diese Atome und Moleküle wieder den Standort und begeben sich woanders hin. Wenn ich jetzt die Anordnung und Wechselwirkung dieser Atome untersuche, die gerade dabei sind, das Phänomen »Leben« zu bilden, klingt das, als wäre es eine schier unmögliche Übung. Ist es aber nicht. Es bedarf nur einer kleinen Anstrengung und Konzentration. Und es lohnt sich!

Die Naturwissenschaften waren früher Teil der Philosophie. Und die Frage »Was ist Leben?« ist ja zuallererst eine philosophische. Ich würde mir wünschen, dass alle Philosophen und sonstigen Intellektuellen sich mit den modernen Errungenschaften und Erkenntnissen der Naturwissenschaften auseinandersetzen. Heute wagt sich kaum mehr ein Philosoph in dieses Gebiet hinein und die Philosophie verliert ihr Terrain. Deshalb wird es immer öfter passieren, dass der Spieß umgedreht wird und Physiker, Chemiker, Biologen sich mit Fragen der Philosophie beschäftigen. Vor allem mit dieser grundlegenden Frage nach dem Leben.

Leider ist sie deshalb auch nicht leichter zu beantworten.

Mein Ansatz, eine Antwort zu bekommen, oder zumindest eine Annäherung, ist: sich die Lebewesen ganz genau anzusehen, ihre Eigenschaften, das, was sie von nicht lebender Materie unterscheidet, genau zu untersuchen. Doch bereits hier wird es schwierig. Denn: ich bin der Meinung, dass auch vermeintlich nicht lebende Materie lebt. Materie scheint ja genauso wie das Leben etwas zu sein, dass ständig in Bewegung und im Wandel ist. Was wir im Allgemeinen immer als Leben definieren, und was mich hier interessiert, ist das biologische Leben. Aber auch Sterne, Planeten, Gestirne, Vulkane: Sie leben. Denn – und hier bin ich bereits bei einem grundlegenden Kriterium für die Definition von Leben – sie verändern sich. Etwas, das sich von sich aus verändert, lebt. Und etwas, das lebt, verändert sich. Das ist die wichtigste Eigenschaft von Leben: Veränderung.

Um herauszufinden, was nicht lebt, muss ich also fragen: Was verändert sich nicht? Und ich finde heraus, dass es wahrscheinlich nichts gibt, das sich nicht verändert. Alles verändert sich. Es ist eine inhärente Eigenschaft aller Materie, aller Dinge, die wir bis jetzt kennen, dass sie sich verändern.

So einfach möchte ich es mir aber doch nicht machen, zu sagen: Alles lebt. Deshalb formuliere ich die Frage um. Denn was mich eigentlich interessiert, ist: Was ist biologisches, biochemisches Leben? Was versteht man unter biologisch lebender Materie? Dazu betrachte ich alle Lebewesen, die es auf unserem Planeten gibt, mit meinem chemischen Auge und untersuche, was sie gemeinsam haben. Was haben Lebewesen, was »Nichtlebewesen« nicht haben? Und damit das Ganze möglich wird, suche ich nach der kleinsten lebenden Einheit. Und mache dabei die folgenden Feststellungen:

Lebewesen bestehen aus Zellen.

So wie das Atom die kleinste nichtteilbare Einheit der chemischen Elemente ist, ist die kleinste Einheit des biologischen Lebens die Zelle. Es ist interessant, zu überlegen, wann der Begriff »Zelle« noch verwendet wird: zum Beispiel Gefängniszelle. Der Begriff Zelle bezeichnet Dinge, die eine Abgrenzung zu ihrer Umgebung haben und eine Einheit bilden. Genauso kann ich jene Zellen betrachten, die die kleinste Einheit des Lebens sind. Es sind kleine, sich in der Mikrometerwelt bewegende Wesen, die nicht geteilt werden können, ohne dass die Eigenschaft »Leben« zerstört wird. Und jetzt, da ich diese Abgrenzung vorgenommen habe, betrachte ich die Eigenschaften dieser Zellen.

Zellen vermehren sich, identisch (wenn sich eine Mutterzelle in zwei identische Tochterzellen teilt) oder sexuell.

Zellen haben einen Stoffwechsel. Sie nehmen aus der Umwelt Stoffe auf, die sie für das Wachstum und die Vermehrung brauchen, bauen diese ab, setzen sie um und bauen körpereigene Substanzen auf. Und durch ihre Zellwand (oder Zellmembran) grenzen sie sich von ihrer Umwelt ab. Durch diese Zellmembran müssen jedoch Signale aus der und in die Umwelt, in beide Richtungen, transportiert werden. Sie leben nicht allein, sondern sind soziale Wesen, die mit anderen Zellen in Wechselwirkung stehen.

Solange diese vier Funktionen (Vermehrung, Stoffwechsel, Abgrenzung und Kommunikation) aufrecht sind, lebt die Zelle. Kommen diese Funktionen zum Stillstand, stirbt die Zelle, hört das Leben auf. Daher könnte ich Leben durch eine weitere Eigenschaft ergänzen: dass das Leben zeitlich begrenzt ist. Bestimmt also der Tod, was Leben ist? Hier sollte man unterscheiden zwischen dem Leben einer einzelnen Zelle, einzelner Organismen, einzelner Spezies, und dem gesamten biologischen Lebenssystem auf unserem Planeten. Da alle Lebewesen auf unserem Planeten miteinander chemisch kommunizieren können, ist es möglich, das ganze System als ein lebendes, sich austauschendes System zu betrachten. Dieser Gedanke ist für mich sehr zufriedenstellend. Weil er die »Ich«-Komponente entfernt und »Es« als Ganzes betrachtet.

Hier noch ein Gedanke, der für die Definition von Leben eine Rolle spielt. Stirbt ein Mensch, ist das komplexere Gebilde nicht mehr am Leben, seine Zellen können aber sehr wohl weiterleben. Tumore sind beispielsweise Ansammlungen von Zellen, deren Verhalten schädlich für den ganzen Organismus ist. Sie wachsen unkontrolliert und stören Funktionen, die für die Lebenserhaltung notwendig sind. Diese Zellen können aber weiterleben, wenn sie ihren Stoffwechsel aufrechterhalten können, sprich: wenn sie ernährt werden. So geschah es vor einigen Jahren, dass eine Frau namens Henrietta Lacks an einem sehr aggressiven Tumor gestorben ist. Die Zellen dieses Tumors wurden im Labor weiter gezüchtet, damit man über diesen Tumor etwas lernen konnte. Diese Zellen waren so wachstumsfreudig, dass sie an andere Labore weitergegeben wurden. Heute, viele Jahre nach dem Tod von Henrietta Lacks, gibt es Milliarden dieser Zellen auf der ganzen Welt. Diese Zellen tragen den Namen →HeLa-Zellen (zusammengesetzt aus den Initialen von Henrietta Lacks). Die Zellen leben eindeutig weiter, aber in einem anderen Kontext, als sie entstanden sind. Wo endet also das Leben? Eine gar nicht eindeutig zu beantwortende Frage.

Ich habe mich nun in der Mikrometerwelt der Zellen umgesehen. Aber als Chemikerin möchte ich wissen, was alles in einer Zelle enthalten ist, damit die Eigenschaften des Lebens in Erscheinung treten. Dafür muss ich wieder einige Dimensionen tiefer gehen, hinabsteigen in die Nanometerwelt und mich mit Molekülen beschäftigen. Moleküle sind Stoffe, die aus mehreren Atomen bestehen und die

Größe von einigen Nanometern haben. Daher auch der Begriff →»Molekularbiologie« – er entspricht der Betrachtung des Lebens auf der Ebene der Moleküle. Als Erwin Schrödinger sein Buch »Was ist Leben?« schrieb, Mitte der 1940er Jahre, wusste man sehr wenig über Molekularbiologie, deren Ära gerade erst begonnen hatte. Schrödinger hatte aber erkannt, dass es diese Disziplin sein wird, die der Beantwortung seiner Frage am Nächsten wird kommen können.

Tatsächlich war die Molekularbiologie auf der heißen Spur.

Doch die Basis dafür lieferte hundert Jahre zuvor Gregor →Mendel. Mendels Experimente waren sehr bedeutungsvoll für die Biologie und für das Verständnis des Lebens. Sie veränderten die Welt der Wissenschaft, denn sie begründeten die Vererbungslehre als experimentell zugängliche Methode. Mendel fand heraus, dass es eine wichtige Eigenschaft aller Lebewesen ist, dass wenn sie sich vermehren, ihre Eigenschaften an ihre Nachkommen nach einem bestimmen Muster vererbt werden. Er führte Experimente mit Erbsen durch, arbeitete sehr systematisch und akribisch. Er kreuzte verschiedene Sorten und beobachtete, wie ihre sichtbaren Eigenschaften weitergegeben wurden und wie sich diese Eigenschaften zueinander verhielten.

Aus der Fülle und Sorgfalt seiner Experimente konnte er beobachten, was die gesamte Wissenschaftswelt erhellte: Er beobachtete, dass die Erbeigenschaften unteilbar sind. Und bezeichnete sie als »Faktor« – einen unteilbaren Faktor, der von Eltern an Kinder weitergegeben wird und der in verschiedenen Formen vorkommen kann. Der veränderbar ist. Der in den Zellen vorhanden ist. Der von Mutterzelle auf Tochterzelle in einer identischen, nicht teilbaren Form weitergegeben wird.

Er wusste nicht, was »es« ist. Aber er wusste, dass es existiert. Ein Stoff. Ein Faktor.

Was für eine gedankliche Leistung! Er beobachtete die statistische Verteilung der Eigenschaften der Nachkommen und sah, dass sie sich wie eine ganze mathematische Zahl verhält. Ihm war klar, dass dieser Faktor nichts Mystisches sein musste, sondern einfach ein Stoff, der in den Zellen ist. Und dass dieser Stoff weitergegeben wird von den Eltern an die Kinder. Ein Phänomen, das er greifbar machte und das er beschrieb. Er wusste bereits, dass es jene Vermehrung gibt, bei der die Nachkommen durch Zellteilung hervorgehen und identische Eigenschaften mit der Mutterzelle haben. Er wusste auch, dass sich bei der sexuellen Vermehrung die Eigenschaften vermischen. Ich möchte hier betonen, wie wichtig es ist, wissenschaftlich quantitativ zu arbeiten, mit exakten Zahlen, um Gesetzmäßigkeiten erkennen zu können. Hätte Mendel nur beschreibend gearbeitet, ohne genaue Zahlen zu notieren und zu analysieren, hätte er seine Schlüsse nicht ziehen können. Und was mich hier am meisten fasziniert, ist der Gedanke, die Erkenntnis, die er hatte: dass wenn sich Eigenschaften wie ganze Zahlen verhalten, dies bedeutet, dass jenes Ding, das den Lebewesen ihre Eigenschaften gibt, unteilbar ist. Und dass es daher ein »Stoff«, ein chemischer Stoff, ein Molekül sein muss und man ihm dadurch auf die Spur kommen kann. Erst durch diese Erkenntnis wurden die Gedanken zugänglich für eine exakte wissenschaftliche Untersuchung.

Es begann die Suche nach dem Faktor. Nach jenem Ding, das später einmal als Gen bezeichnet werden sollte.

Mendel war seiner Zeit enorm voraus. Es dauerte fast hundert Jahre, bis man ihn endlich identifiziert hat, diesen »Mendelschen Faktor«. Wenn man – wie Mendel – etwas entdeckt, von dem man noch überhaupt nichts weiß, dann kann man diesem Etwas schwer einen Namen geben. Wir Forscher sagen dann oft erst einmal »Faktor« dazu. Für

Mendel war dieses unteilbare »Etwas«, das von Eltern an Kinder weitergegeben wird, auch erst einmal ein Faktor.

Zu der Zeit, als Schrödinger sein Buch schrieb, wusste man bereits, dass der Mendelsche Faktor auf den →Chromosomen liegt. Man konnte Chromosomen bereits mit dem Mikroskop ausmachen und wusste, dass darin etwas lag, das die Vererbung bestimmt. Nur was? Was war der Stoff? Dieser Stoff, das wurde 1944 klar, war die DNA: die Desoxyribonukleinsäure. Das wichtigste Experiment des 20. Jahrhunderts war sicher jenes, bei dem sie entdeckt wurde. Doch Schrödinger selbst, wird angenommen, wusste es nicht.

Er wusste nicht, dass die DNA der Faktor ist.

Das Experiment war eine Serie von vier Versuchen. Diese Versuche gehen zurück auf einen englischen Arzt, Frederick →Griffith. Ich möchte eine vereinfachte Version seiner Experimente erzählen, denn sie zeigen sehr schön, wie man wissenschaftliche Experimente aufbaut, um nachher eine klare Antwort auf eine präzise Frage zu bekommen. Griffith beschäftigte sich 1928 mit dem Erreger der Lungenentzündung, *Streptococcus pneumoniae*. Von diesem Bakterium gibt es zwei Typen: einen harmlosen R-Typ und einen virulenten, also gefährlichen, Typ S.

In seinem ersten Versuch infizierte er Mäuse mit Bakterien des R-Typs. Es passierte gar nichts. Die Mäuse erkrankten nicht an Lungenentzündung.

Der zweite Versuch bestand darin, den Mäusen die virulenten Bakterien des S-Typs zu verabreichen. Die Mäuse starben.

Etwas komplizierter wurde es bei seinem dritten Versuch: Er kochte die Typ-S-Bakterien. Seit Louis →Pasteur wusste man, dass man Bakterien zerstört, wenn man sie erhitzt, sie – daher der Name – »pasteurisiert«. Griffith kochte also die Bakterien des virulenten S-Typs und injizierte sie den Mäusen. Die Mäuse starben nicht, denn die Bakterien konnten sich nicht mehr vermehren. Die Bakterien waren tot.

Der Durchbruch kam bei Versuch Nummer vier: Er kochte die Typ-S-Zellen, machte sie unschädlich und vermischte den so entstandenen »Saft« mit den Bakterien des R-Typs, mit den harmlosen Bakterien. Er infizierte die Mäuse mit diesem Gemisch. Sie starben.

Was war passiert? Die Typ-S-Bakterien hatten anscheinend etwas, einen Stoff, einen Faktor, der die Bakterien toxisch machte. Kochte man sie, starben die Bakterien ab. Vermischte man aber diesen abgekochten Saft mit den nicht toxischen, lebenden Typ-R-Bakterien, nahmen diese den Faktor auf und wurden selbst toxisch. Dafür konnte es nur eine Erklärung geben: Die Nachkommen der Typ-R-Bakterien wurden zu Typ-S-Bakterien. In dem Saft der abgetöteten Typ-S-Bakterien musste der Faktor sein, von dem Mendel gesprochen hatte. Denn diese unteilbare Eigenschaft, toxisch zu sein, ging auf die Typ-R-Bakterien über, und deren Nachkommen erbten diese neue Eigenschaft. Es musste daher ein Stoff in dem Saft der abgetöteten Typ-S-Bakterien enthalten sein, der von den Typ-R-Bakterien aufgenommen und vererbt wird. Durch den ihre Nachkommen tödlich wurden.

Es war klar: Der Mendelsche Faktor war in diesem Saft. Und: der Faktor war nicht nur von Eltern auf Kinder übertragbar, sondern anscheinend auch horizontal: Ein Bakterium kann den Faktor also aufnehmen und sich transformieren: die erste genetische →Transformation im Labor.

Auf einmal war man der Lösung so nahe, nur einen Schritt von der Erklärung entfernt: Man wusste, dass der Faktor existiert. Man wusste auch, dass die DNA existiert.

Aber man wusste nicht, dass die DNA der Faktor ist. Dank Griffith wusste man nun, dass der Faktor in der wässrigen Lösung aus abgetöteten Typ-S-Bakterien enthalten war. Es dauerte noch einmal fast 20 Jahre, bis der Faktor chemisch identifiziert wurde.

1944 unternahm der Chemiker Oswald →Avery jenen Versuch, von dem Erwin Schrödinger vermutlich nichts wusste. Avery hatte den Saft der abgekochten Bakterien, ein Gemisch aus verschiedenen chemischen Substanzen. Darin war der Faktor enthalten. Er tat, was Chemiker nun einmal tun, wenn sie etwas untersuchen wollen: Er trennte die Flüssigkeit in ihre Substanzen auf und untersuchte jede einzelne. Er wusste, dass es DNA gibt. Er wusste aber nicht, welche biologischen Eigenschaften sie hatte und was sie wirklich bewirkte. Er trennte also die Komponenten dieser Flüssigkeit und wiederholte dann die Griffith-Versuche mit den gereinigten chemischen Substanzen aus dem Saft der abgetöteten Typ-S-Bakterien. Also nicht mit einem Gemisch oder einem Vollextrakt. Und als er die gereinigte DNA aus dem Saft der gekochten Typ-S-Bakterien mit den harmlosen Typ-R-Bakterien vermischte, wurden diese tödlich. Die DNA der Typ-S-Bakterien »transformierte«, verwandelte die Typ-R-Bakterien und deren Nachkommen zu Typ-S-Bakterien. Er ging so vor, wie es in der Molekularbiologie üblich ist: Er zerlegte den Saft in seine einzelnen Bestandteile. Reinigte die einzelnen Teile und fügte sie wieder zusammen. An dem Punkt, an dem das System wieder »funktionierte«, wusste er, dass er seine minimalen Bestandteile beisammen hatte. Er wusste damit, woraus es besteht. Er konnte es beschreiben.

Bingo. Da war er, der Mendelsche Faktor: die DNA.

Es sind drei verschiedene chemische Substanzen, welche die DNA, die Desoxyribonukleinsäure, enthält: eine Phosphorsäure (daher auch die Endung »Säure«), einen Zucker (die Desoxyribose), und vier verschiedene →Basen. Diese drei Komponenten sind in langen Ketten zusammengefügt, und zwar so, dass immer abwechselnd ein Zucker und ein Phosphat aneinanderhängen und eine Kette bilden. An jedem Zucker hängt eine Base. Eine von vier: →Adenin, →Cytosin, →Guanin oder →Thymin (A,C,G,T; siehe Abbildung 3a).

Man dachte immer, die DNA, der lang gesuchte Faktor, müsste ganz kompliziert aufgebaut sein. Schließlich trägt sie die Erbeigenschaften, tausende Merkmale, die den einen Menschen vom anderen unterscheiden. Doch ist die DNA eigentlich sehr einfach aufgebaut. Wie kann in diesen wenigen, banalen Bausteinen all die Information gespeichert sein? Man erkannte also sofort: Die DNA ist eine perfekt ausgeklügelte Speicherform der genetischen Information. Darin steckt zum Beispiel die Information, wie ein Gen aus- und eingeschaltet und wie ein Proteinmolekül hergestellt wird. Es war außerdem klar, dass es einen →genetischen Code geben muss, den es nun zu knacken galt. Die Begeisterung war enorm. Es wurde fieberhaft und mit enormer Anspannung gearbeitet. Man war ja dem Geheimnis des Lebens auf der Spur! Der genetische →Code konnte in weniger als 20 Jahren aufgeklärt werden.

Die Art, wie die DNA Informationen speichert, ähnelt dem Aufbau unserer Sprache aus einzelnen Buchstaben. Ein H, ein A, ein U und ein S bedeuten für sich allein genommen nichts. Fügen wir sie zum Wort HAUS zusammen, entsteht aber ein Begriff, der sich mit Information füllt. Die Reihenfolge der Bausteine macht die Bedeutung aus: die Reihenfolge, in der sie auf einer Kette aufgefädelt sind (Abbildung 3b).

Das System, in dem die Information der DNA gespeichert ist, besteht aus vier verschiedenen Basen. So weit, so genial. Doch das wirklich Unglaubliche ist, dass es nicht nur

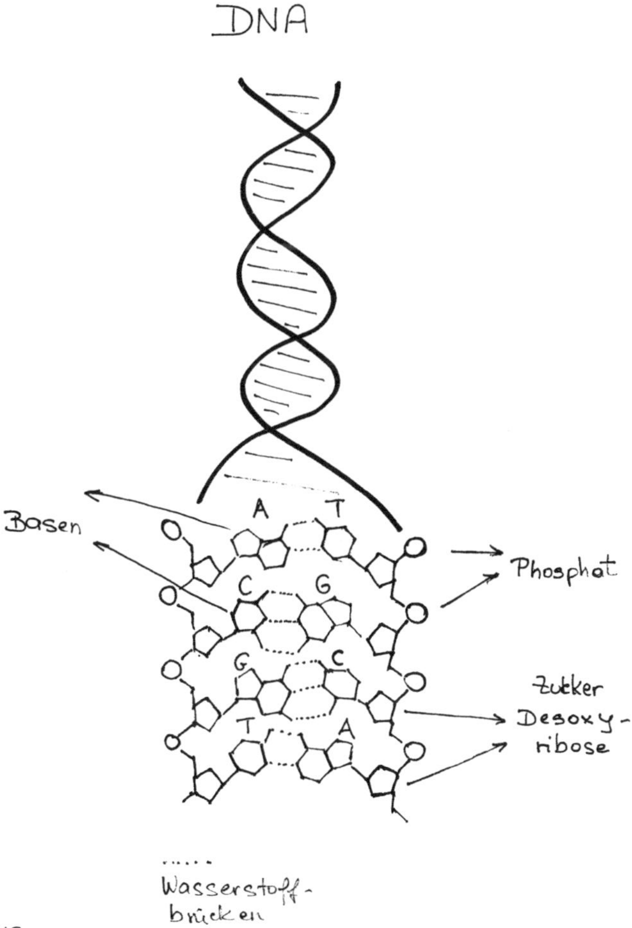

ABBILDUNG 3a:
Aufbau einer DNA-Kette

Die Kreise stehen für die Phosphorsäure, die Fünfecke für die Desoxyribose (ein Zucker) und die Fünf- und Sechsecke für die vier Basen. Cytosin und Thymin sind Sechsecke, während Adenin und Guanin aus einem Sechseck und einem Fünfeck bestehen. Das Rückgrat der DNA besteht abwechselnd aus einem Phosphat und einem Zucker (Desoxyribose). Zwei Ketten paaren miteinander, indem Adenin mit Thymin und Guanin mit Cytosin paart. Dann winden sich die beiden Ketten, sodass eine Helix entsteht, die charakteristische Doppelhelix.

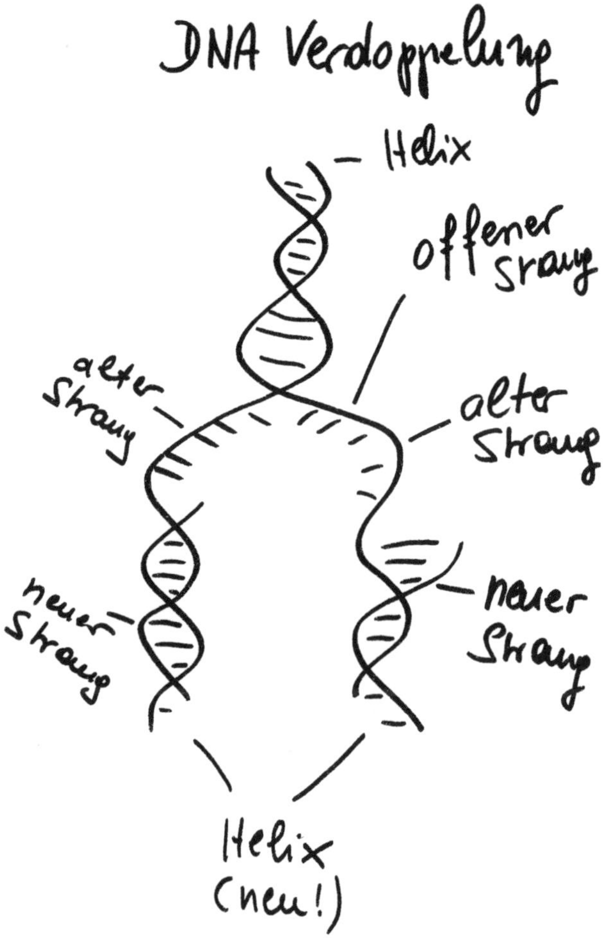

ABBILDUNG 3b:

Die Verdoppelung der DNA

Die Doppelhelix windet sich auf, die Basen werden zugänglich. Zu jedem Strang wird nun ein neuer komplementärer Strang erzeugt. Dabei entstehen zwei identische DNA-Doppelstränge. Auf diese einfache und geniale Weise vermehrt sich unsere Erbinformation fast fehlerfrei.

eine Kette, sondern dass es zwei Ketten gibt, die paarweise zueinander stehen, und zwar so, dass sich jeweils zwei Basen miteinander paaren. Adenin und Thymin paaren sich und sind »komplementär«, ebenso Guanin und Cytosin. Diese Basenpaare verbinden sich durch Wasserstoffbrücken (siehe Kapitel 5). Es entsteht eine Doppelkette: zwei Ketten aus Zucker und Phosphat, verbunden durch Basen, die den Sprossen einer Leiter gleichen. Einer in sich gedrehten, unheimlich langen Leiter. Sie windet sich um ihre eigene Achse und formt so eine Helix.

In ihrem komplementären Doppelstrang steckt die ganze Genialität der DNA.

Deren wichtigste Funktion schließlich ist, bei der Zellteilung die Erbinformation weiterzutragen. Sie muss also in der Lage sein, sich identisch zu verdoppeln, sie muss all die unzähligen Informationen sichern, damit sie an die Nachkommen weitergegeben werden können. Die Information muss in irgendeiner Form abgeschrieben werden. Eine schwierige Aufgabe – zu der die Natur eine einfache und geniale Lösung gefunden hat.

Das geniale System, das die Replikation der DNA möglich macht, entdeckten im Jahr 1953 James D. →Watson und Francis →Crick. Sie klärten die Struktur der DNA auf. Sie wussten bereits, dass es vier Bausteine gab und dass diese in einem bestimmten Verhältnis zueinander stehen (dass die Basen Adenin und Thymin sowie Guanin und Cytosin komplementär sind). Doch man wusste nicht, wie sie zueinander in Bezug stehen. Röntgenbilder von DNA-Kristallen, die Rosalind →Franklin erzeugte, gaben den entscheidenden Hinweis. Als Watson und Crick in den Bildern die helikale Struktur sahen, erkannten sie, dass sie monoton ist: Milliarden von Basenpaaren, die überall gleich aussehen. Die Information muss also so verpackt sein, dass sie strukturell überall gleich aussieht. Die Verpackung, das, was sie sahen, ist das Rückgrat der DNA, die Phosphatribosekette. In ihrem Inneren verbergen sich die Basenpaare, die Information.

Der Doppelstrang, die doppelte Helix, teilt sich bei der Zellteilung. Sie entwindet sich und legt die Basen frei, die nun nicht mehr paarweise aneinander liegen, sondern jede Base bleibt an »ihrem« Strang. Zu jeder nun einzelnen Base bildet sich das komplementäre Gegenüber, es wird sozusagen ein Abdruck gemacht. Es bildet sich ein neuer komplementärer Strang und eine neue, völlig identische →Doppelhelix. Damit hat sich die DNA fehlerfrei repliziert. In dem Moment, in dem Watson und Crick das erkannten, muss ihnen klar gewesen sein: Genau so geht es vor sich. Es war ein Durchbruch.

Es war ein Schritt über die Grenze der Wahrnehmung hinaus (siehe Kapitel 1), in jeglicher Hinsicht. Denn die Beobachtung der DNA bringt uns in den Bereich →Angström, das ist der Bereich von 10^{-10} Metern. In diese winzige Dimension sieht selbst das beste Mikroskop nicht mehr. Was tun, um trotzdem etwas beobachten zu können? Man macht Röntgenbeugungsmuster. Röntgenstrahlen werden durch den zu untersuchenden Stoff geschickt und treffen dahinter auf einen Film. Dort wird beobachtet, wie die Strahlen von den Atomen abgelenkt wurden. Um das ablaufen lassen zu können, müssen die Atome zuerst geordnet werden. Das bewerkstelligt man, indem man zuerst aus der DNA einen Kristall erzeugt. In kristalliner Form setzen sich die Atome in ein Raster, in ein regelmäßiges Gitter an. Erst dann ist es möglich, ein solches Röntgenbeugungsmuster aufzuzeichnen. Von dem Bild, das dadurch entsteht, müssen dann die Winkel und die Abstände zwischen den Atomen abgelesen werden. Das ist natürlich extrem aufwendig, vor allem für Makromoleküle wie die DNA.

Diesem ganz einfachen, genialen chemischen Molekül.

Ich habe nun eine grundlegende Komponente des Lebens beschrieben, jene, die dafür verantwortlich ist, dass Eigenschaften von Eltern an Kinder vererbbar gemacht werden können. Dass die Blaupause einer Zelle entsteht, und der Bauplan für die Entwicklung der Lebewesen. In diesem Bauplan ist alles enthalten, was gebraucht wird, um einen Menschen zu entwickeln: seine Haut, sein Herz, seine Leber, und wahrscheinlich auch zu einem großen Anteil seinen Charakter, seine Krankheitsanfälligkeit. Diese Eigenschaften des Lebens sind nicht etwas Komplexes oder Diffuses, nichts Virtuelles oder Exotisches. Nein, diese Eigenschaften sind die Folge der chemischen Aktivität von Molekülen innerhalb der Zellen.

Es war also klar, dass dieses simpel gebaute Molekül, die DNA, die Erbinformation speichert. Klar war allerdings auch, dass dieses Molekül nicht für den ganzen Stoffwechsel, die nächste Determinante, wenn es um die Definition von Leben geht, verantwortlich sein kann. Die DNA ist chemisch viel zu einfach und unfähig dazu. Und vor allem ist sie ein passives Molekül. Sie ist sehr stabil, was wichtig ist, wenn es darum geht, Information von Generation zu Generation zu speichern und weiterzugeben. Wäre es chemisch anfällig und sehr reaktionsfähig, wäre dies in Gefahr. Die DNA ist also nichts, was den Stoffwechsel antreiben kann. Sie ist eine reine Informationsträgerin. Wie kommt es nun also zum Wachstum?

Woher kommt der Stoffwechsel?

Um genau zu sein, war diese Frage längst geklärt, bevor die DNA enttarnt war. Es war schon im Altertum bekannt, dass bestimmte Lebewesen chemische Reaktionen katalysieren. Ein gutes Beispiel ist die →Gärung. Ich glaube, die ganze Chemie hat mit der Gärung angefangen. Schon die alten Griechen und Römer bedienten sich →Hefekulturen, um Alkohol zu erzeugen (ohne genau zu wissen, was Hefe war, sie wussten nur, dass ein Stoff darin enthalten sein muss, der, wenn man Zucker zugibt, Alkohol erzeugt). Das ist praktisch schon eine Art Stoffwechsel: Eine chemische Substanz wird in eine andere umgebaut und dabei wird Energie gewonnen. Die chemische Energie, die im Zucker steckt, kann verwendet werden, um Wärme zu erzeugen, um sich in Bewegung zu setzen oder auch, um körpereigene Substanzen aufzubauen, eben um zu wachsen. Lange war man der Meinung, dass Gärung nur von lebenden Organismen durchgeführt werden kann, von der sogenannten »vis vitalis«. Als es Eduard →Buchner Ende des 19. Jahrhunderts gelang, aus Hefeextrakten Gärung herzustellen, glaubte man ihm lange nicht. Aber: Es war der Beginn der Biochemie. Man erkannte, dass in den Zellen Komponenten sind, die chemische Reaktionen antreiben. Dies geschieht mit Hilfe von Enzymen. →Proteine, Eiweißmoleküle, sind jene Komponenten, die den Stoffwechsel antreiben. Man nennt sie Enzyme. Enzyme steuern die meisten chemischen Reaktionen in einer Zelle. Sie bilden auch zum Großteil die Gerüste, die Strukturen, die den Zellen ihre Form geben. Sie sind für die Energiegewinnung, für den Abbau unserer Nahrung, für den Aufbau unserer körpereigenen Stoffe verantwortlich. Sie sind sehr facettenreich.

Es sind auch die Enzyme, welche die DNA chemisch abschreiben und neu aufbauen. Wir nennen diesen Vorgang Polymerisation. DNA und Proteine sind →Polymere, weil sie aus vielen Bausteinen bestehen, die auf Ketten aneinandergehängt werden. Proteine bestehen aus 20 verschiedenen →Aminosäuren, die ebenfalls in langen Ketten polymerisiert werden. Bei den Proteinen steckt zusätzlich in der Reihenfolge der Aminosäuren auf der Kette auch gleich die Information, wie sie sich in dreidimensionale Gebilde falten können. Denn nur dann können sie chemische Reaktivität entfalten. Die DNA ist nur Informationsträger und hat (fast) immer ihre helikale Struktur, aber Proteine müssen sich falten, um aktiv zu werden.

Diese sind nun die zwei wichtigsten Komponenten in einer Zelle: DNA und Protein. Ohne diese beiden gäbe es keine Vererbung und gäbe es keinen Stoffwechsel. Sie sind für die wichtigsten Eigenschaften des Lebens verantwortlich, wie ich es definiert habe: Die DNA speichert die Information für den Bauplan; die Proteine sind für den Stoffwechsel zuständig.

Wenn alles fließt, jede Funktion aufrecht ist, dann lebt die Zelle. Wenn sich die Moleküle selbst ordnen und ihre Aktivität so geordnet abläuft, dass die Zelle wachsen und sich vermehren kann. Für mich ist damit die Definition des Lebens klar. Mein Bild davon ist ziemlich einleuchtend. Details fehlen – das Grundgerüst steht.

Was nun? Ich habe jetzt ein klares Bild davon gezeichnet, wie ich Leben definiere. Wie kann ich nun weitermachen mit der Beantwortung der Frage: »Was ist Leben?« Um zu verstehen, was Leben ist, kann man erforschen, wie das Leben entstanden sein könnte. Seine einfachsten Formen. Dabei stehe ich jetzt gleich wieder vor einem großen Problem: Wie werden die Proteine hergestellt? Diese Information ist in der DNA gespeichert. Doch es benötigt Proteine, um DNA herzustellen. Der Kreis schließt sich. Bei der Frage nach der Entstehung des Lebens muss ich also zu dieser einen, grundlegenden Frage zurückkehren: Was war zuerst?

Die DNA oder die Proteine?

Die Henne oder das Ei?

Meine Antwort ist: Weder noch. Es war die RNA.

KAPITEL 4

Das Molekül des Lebens

Oder: Darf ich vorstellen? Die RNA

Sie ist die Henne und das Ei, das →Henn-Ei. Sie ist das vielseitigste, wandelbarste, sensibelste und faszinierendste Molekül, das ich kenne. Um die RNA dreht sich meine gesamte Forschung. Und mein Weltbild kommt ohne sie nicht aus. Was aber steckt dahinter? Was ist RNA?

RNA steht für Ribonukleinsäure. Das A steht für das englische Wort für Säure, »acid«. Wir könnten auf Deutsch die Abkürzung RNS benützen. Es hat sich aber die internationale Version RNA durchgesetzt.

RNA ist, genau wie DNA, ein Polymer (ein großes Molekül, das aus vielen kleineren Bausteinen besteht), das in seinem genialen Bauplan der DNA auch sehr ähnelt. Sie hat (fast) die gleichen vier Bausteine: Adenin, Cytosin, Guanin und →Uracil (anstelle des Thymin in der DNA).

Der einzige, aber sehr wichtige Unterschied ist, dass die RNA eine Ribose und keine Desoxyribose hat. Daher der Name Ribonukleinsäure (RNA) statt Desoxyribonukleinsäure (DNA). Die Ribose der RNA hat also ein Sauerstoffatom mehr als die Desoxyribose der DNA. Dieser kleine Unterschied hat weitreichende Folgen: Die RNA ist im Vergleich zur DNA sehr instabil. Dafür ist sie aber chemisch aktiver und kann sich zu vielen verschiedenen Formen falten.

Die Gestalt der RNA ist vielfältiger als die der DNA. Die RNA kann auch eine Doppelhelix aufbauen (ähnlich der DNA, aber rundlicher und breiter). Muss sie aber nicht. Sie kann sich in viele verschiedene Strukturen falten (siehe Abbildung 4: Primär-, Sekundär- und Tertiärstruktur einer RNA). Diese Vielseitigkeit ist eine wunderbare Eigenschaft, um als evolutionäres Ursprungsmolekül zu dienen und um sich zu »entfalten«. Das hat aber einen Preis: Die RNA ist instabiler.

Die RNA ist also sensibler, instabiler, wandelbarer als die DNA.

Denn die RNA kann sich falten. Die Information in der RNA ist genauso gespeichert wie in der DNA, nämlich in der Reihenfolge der Bausteine auf den langen Ketten. Das Wichtige dabei ist, dass in der Reihenfolge der Basen (der eindimensionalen Primärstruktur) auch gleich die Information enthalten ist, um sich zwei- und dreidimensional zu falten. Die Basen bilden Basenpaare, genau wie die Basen der DNA (Guanin paart mit Cytosin, und Adenin mit Uracil).

Aber: in der RNA können auch Uracil und Guanin paaren. Zusätzlich können alle Basen miteinander wechselwirken und das zusätzliche Sauerstoffatom der Ribose kann viele Wasserstoffbrücken bilden (mehr dazu in Kapitel 5) und so spezifische Strukturen formen. Daraus entsteht eine enorme Vielfalt an unterschiedlichen Faltungsmöglichkeiten. Wenn sich die zweidimensionale Struktur gefaltet hat, kann sie sich anschließend in die dreidimensionale Struktur falten und so eine richtig komplexe Gestalt annehmen, die – wie Proteine – in der Lage ist, →Metabolite, also Stoffwechselprodukte zu binden und chemische Reaktionen zu katalysieren. In der zweidimensionalen Struktur bildet die RNA auch helikale Strukturen, die wir bereits von der DNA kennen. Doch zusätzlich kann sie sich anschließend in eine dreidimensionale Struktur begeben, sie kann sich zu einem globulären Molekül falten.

Daher ist RNA das Henn-Ei! Weil sie in der ersten Dimension, in ihrer Primärstruktur, Information speichern

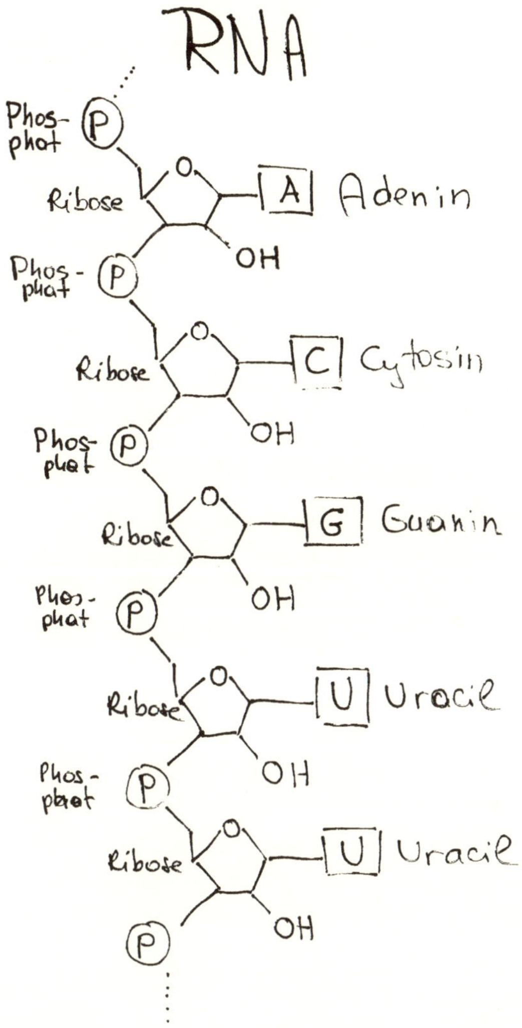

ABBILDUNG 4a

Primärstruktur der RNA

Eine RNA-Kette besteht – ähnlich einer DNA-Kette – aus sich abwechselnden Phosphaten und Ribosen. Die Information liegt in der Reihenfolge der vier Basen A(denin), C(ytosin), G(uanin) und U(racil), die an den Ribosen hängen.

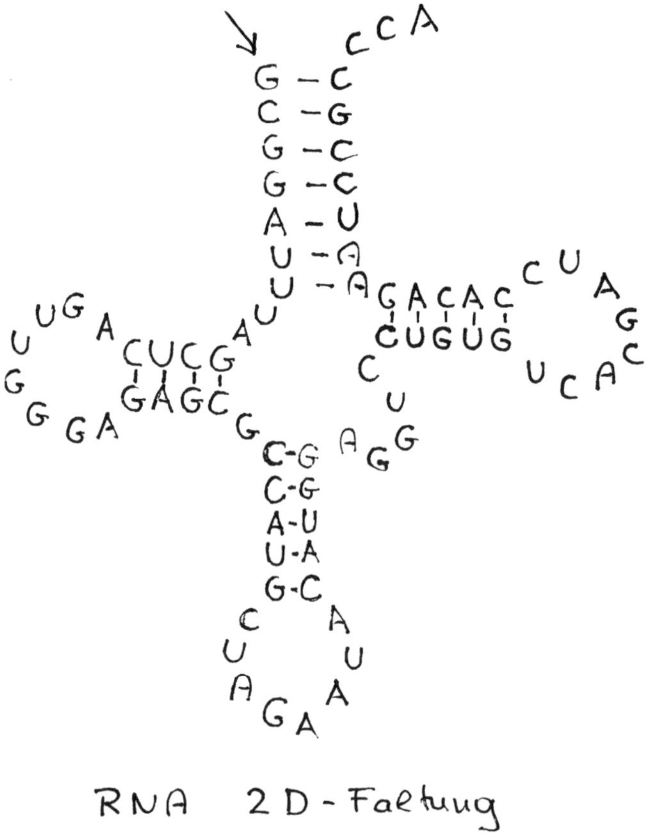

ABBILDUNG 4b:

RNA-Faltung, 2D

Erreicht die RNA-Kette eine bestimmte Länge, können die Basen innerhalb der Kette miteinander paaren. Dabei entsteht die zweidimensionale Faltung, auch 2D-Struktur genannt. Auf dem Bild faltet sich die RNA in eine Kleeblattstruktur mit drei Haarnadeln und einem Stamm. Die kurzen Striche stellen die Wasserstoffbrücken dar, welche die Basen zusammenhalten.

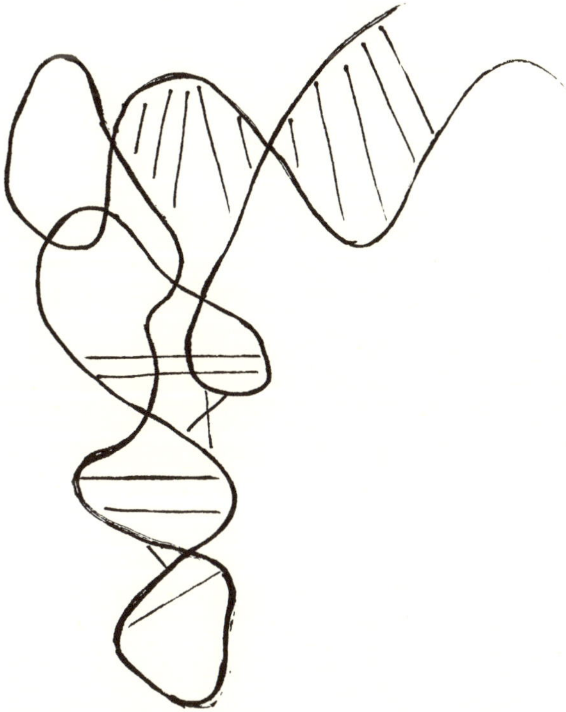

ABBILDUNG 4c:

RNA Faltung, 3D

Die zweidimensionale Struktur kann sich noch weiter in eine dreidimensionale Struktur falten und dabei ganz unterschiedliche Aktivitäten entfalten.
Die durchgehende Linie stellt das Riboso-Phosphat-Rückgrat dar, während die kurzen Verbindungslinien für die Basen mit ihren Wasserstoffbrücken stehen.

kann – wie die DNA. Und weil sie in ihrer Fähigkeit, sich zu falten und dreidimensionale Strukturen zu bilden, Funktion entfalten kann, denn das ist die Voraussetzung dafür, dass sie ihre Stoffwechselfunktion erfüllen kann wie die Proteine.

Information und Stoffwechsel.

Die zwei wichtigsten Eigenschaften des Lebens.

Beide in einem Molekül.

KAPITEL 5

Die Wasserstoffbrücke

Oder: Eine flexible Verbindung fürs Leben

Bevor es mit der Henne, dem Ei, dem Leben und der RNA weitergehen kann, muss ich einen kleinen Haken schlagen. Denn es fehlt auf der Suche nach dem Ursprung des Lebens noch etwas ganz Wichtiges: jene Eigenschaft eines Atoms, die meiner Meinung nach essenziell dafür war, dass Leben überhaupt entstehen konnte. Weil sich dieses Atom so verhält, wie es sich verhält, ist das Leben so, wie es ist.

Es handelt sich um das kleinste aller Atome, das Wasserstoffatom (H ist das Symbol für den Wasserstoff: Hydrogen). Ohne dieses Atom gäbe es uns nicht, gäbe es gar nichts. Die Eigenschaften des Wasserstoffatoms machen das Leben überhaupt erst möglich. Wären seine Eigenschaften auch nur ein kleines bisschen anders, wäre das Leben ganz anders. Das Wasserstoffatom ist in der Lage, Atome auf dynamische und flexible Weise miteinander zu verbinden – mit der Wasserstoffbrückenbindung. Und diese Brücke, diese Art der Verbindung ist das Grundlegende. Auf ihr basieren die meisten dynamischen Lebensvorgänge.

Der Weg zum Leben führt über die Wasserstoffbrücke.

Das Wasserstoffatom ist also das kleinste und damit auch das einfachste aller Atome. Der Atomkern besteht aus einem Proton und ist positiv geladen. Seine Atomhülle besteht aus einem Elektron und ist negativ geladen. Aus. Das ist das Wasserstoffatom. Es ist das elementarste, das einfachste aller Atome (Abbildung 5a).

Dieses Wasserstoffatom geht natürlich Bindungen ein mit anderen Atomen. Mit dem Kohlenstoff etwa zu Kohlenwasserstoffen, R-C-H (C ist das Symbol für Kohlenstoff, Carbon; R steht für Rest, irgendein Atom oder eine Atomgruppe). Die C-H-Bindung ist eine relativ neutrale Bindung. Denn der Kohlenstoff ist in der Mitte des Periodensystems, er ist zufrieden, gesättigt, neutral. Er ist nicht so chemisch erpicht darauf, andere geladene Atome anzuziehen oder abzugeben. Diese Bindung, zwischen Wasser- und Kohlenstoff, ist also eine solide. Die reinen Kohlenwasserstoffverbindungen sind hydrophob, das heißt wasserunlöslich, unpolar, neutral.

Bindet der Wasserstoff aber mit Sauerstoff, H-O (O ist das Symbol für Sauerstoff: Oxygen), passiert etwas extrem Spannendes. Denn der Sauerstoff ist unbefriedigt, er zieht das Elektron des Wasserstoffs zu sehr an sich. Daher hält sich das Elektron des Wasserstoffs näher beim Sauerstoff auf – und dann wird der Wasserstoff teilpositiv geladen, wir nennen das »delta positiv« (δ^+), also keine vollständige positive Ladung, aber eine Teilladung. Er ist nicht mehr ganz so neutral, als würde er eine Bindung mit dem Kohlenstoff eingehen. Wenn jetzt ein Molekül mit einem teilnegativ geladenen Atom vorbeischwimmt, zum Beispiel mit einem weiteren Sauerstoff oder mit einem Stickstoff, dann passiert »es«. Dann gehen die beiden Atome eine Wasserstoffbrücke ein (Abbildung 5b). Das ist eine leichte Bindung, bei der sich zwei eher elektronegative Atome ein Wasserstoffatom teilen.

Bei so einer Wasserstoffbrückenbindung (H-Brücke) gibt es immer ein Atom, das den Wasserstoff zur Verfügung

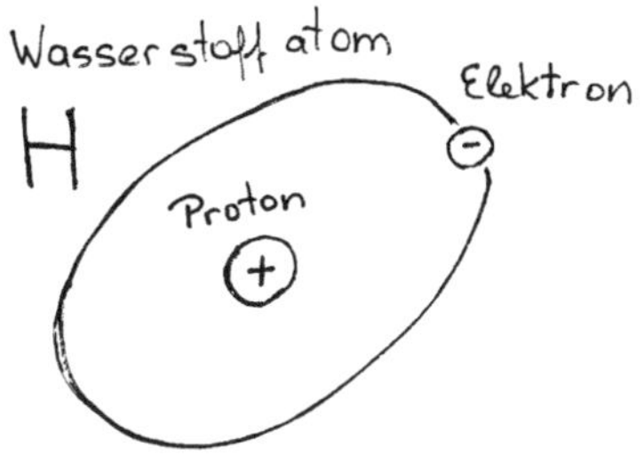

ABBILDUNG 5a:

Das Wasserstoffatom

Wasserstoff ist das erste und einfachste Element des Periodensystems. Es wird durch den Buchstaben H gekennzeichnet (für Hydrogen). Es besteht aus einem Atomkern mit einem positiv geladenen Proton und einem negativ geladenen Elektron, welches sich auf einer Bahn rund um das Proton bewegen kann. Verliert das Atom das Elektron, bleibt ein Proton übrig.

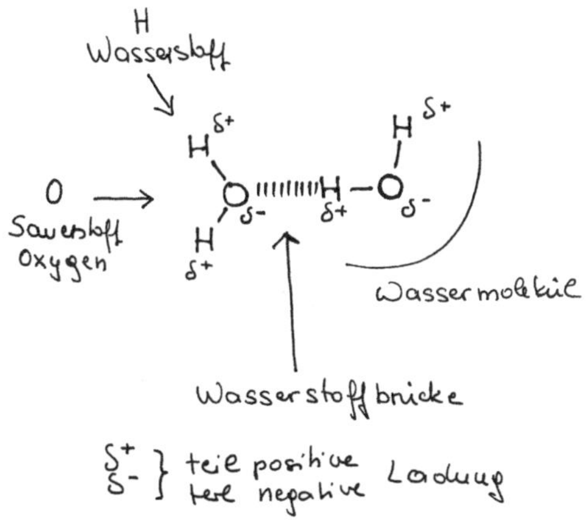

ABBILDUNG 5b:

Wasser und die Wasserstoffbrücke

Ein Molekül Wasser besteht aus einem Atom Sauerstoff und zwei Atomen Wasserstoff: H_2O. Das Wassermolekül ist nicht ganz neutral. Wir nennen es »polar«, weil sich das Elektron des Wasserstoffs näher beim Sauerstoff aufhält. Dadurch wird der Wasserstoff teilweise positiv geladen und beim Sauerstoff verdichten sich die negativen Ladungen. Daher ordnen sich die Wassermoleküle, wenn sie sich einander nähern. Und zwar so, dass sich die negative Teilladung vom Sauerstoff der positiven Ladung des Wasserstoffs nähert. Dabei hält sich ein Wasserstoffatom zwischen zwei Sauerstoffen auf. Es entsteht eine Wasserstoffbrücke.

stellt, es wird als »Donor« (D) bezeichnet, und eines, das ihn annimmt, den »Akzeptor« (A). Ein Wasserstoffdonor und ein Wasserstoffakzeptor gehen eine Wasserstoffbrücke ein. Sie sind verbunden, indem sie sich einen Wasserstoff teilen. Das ist sehr praktisch – denn ich muss die Interaktionen nicht mehr als komplizierte chemische Formeln betrachten, sondern mich nur mehr um die Donors und Akzeptors kümmern, um D und A.

Eine normale chemische Bindung ist fest. Nicht jedoch die Wasserstoffbrückenbindung. Sie ist locker, sie geht leicht auf und zu. Wenn es warm wird, geht sie auf. Wenn es kälter wird, ist sie stabiler. Es entsteht eine besondere Dynamik, denn es braucht nur wenig Energie, um die Wasserstoffbrückenbindung zu öffnen und wieder zu schließen. Sie hat ungefähr eine Bindungsenergie von nur -1 kcal/mol. Das ist sehr, sehr wenig, eben weil sie sich sehr leicht öffnet und schließt. Wenn Moleküle sich bewegen oder unterschiedlich formen, dann oft wegen der sich öffnenden und schließenden Wasserstoffbrücken. Das ermöglicht es den Molekülen, sich zu bewegen. Die Wechselwirkung zwischen Molekülen ist auf flexible Weise möglich. Auf diese Weise können sie Information austauschen. Genial!

Das war aber noch nicht alles.

Denn die Wasserstoffbrücke besteht nicht nur zwischen Atomen zweier verschiedener Moleküle, die nahe beieinander sind. Sondern die Atome innerhalb eines Moleküls können auch H-Brücken eingehen. Dabei passiert wieder etwas ganz Spannendes und Wichtiges: Es falten sich große Moleküle wie Proteine, DNA oder RNA zu dreidimensionalen Strukturen. Bei der intramolekularen Wasserstoffbrücke gehen also Atome ein- und desselben Moleküls Wasserstoffbrücken untereinander ein. Und geben damit den Molekülen ihre Form.

Bei einem sehr großen Molekül – etwa einem RNA-Molekül – verteilen sich die Atome auf der Oberfläche so, dass sich die Donatoren und Akzeptoren in einem bestimmten Muster anordnen. Es verteilen sich also teilpositive und teilnegative Ladungen auf einer Fläche. Und diese Oberfläche sucht ihr Gegenstück, genau so, wie es ein einzelnes Atom machen würde. Sie sucht sich eine komplementäre Struktur, bei der sich Donatoren und Akzeptoren genau umgekehrt zu ihrem eigenen Muster abwechseln. Und dann gehen diese zwei komplementären Oberflächen eine Bindung ein. Die räumliche Anordnung der Donatoren und der Akzeptoren bestimmt, wie gut die zwei Moleküle wechselwirken, und sie bestimmt außerdem ihre Spezifität – warum sie sich mögen oder nicht (Abbildung 5c). Ob sie komplementär sind oder nicht. Die Spezifität ist ein ganz wichtiges Kriterium in der Biologie. Denn spezifisch ist, wenn man zwischen »richtig« und »falsch« unterscheiden kann, sprich: wenn mann sagen kann, ob man den richtigen Partner vor sich hat oder nicht. Ob die richtigen Moleküle miteinander wechselwirken oder nicht. Diese Genauigkeit ist extrem wichtig, damit Moleküle einander erkennen können und einander auch unterscheiden können.

Ohne diese Genauigkeit, mit der die richtigen Moleküle zueinander finden und einander erkennen, wechselwirken und dann leicht wieder auseinander gehen, gäbe es kein Leben. Wie sollten die Abermilliarden Moleküle, die in einer Zelle sind, ihre spezifischen Partner finden? Es ist ohnehin ein Wunder, dass sie sich treffen, finde ich, viel komplizierter, als in der Ankunftshalle des John F. Kennedy International Airport durch Zufall den zu treffen, den man sucht. In der Zelle herrscht dichtes Gedränge, es sind so viele Moleküle! Es ist unglaublich schwer, herauszufinden, wo derjenige ist, der komplementär ist. Daher müssen eben

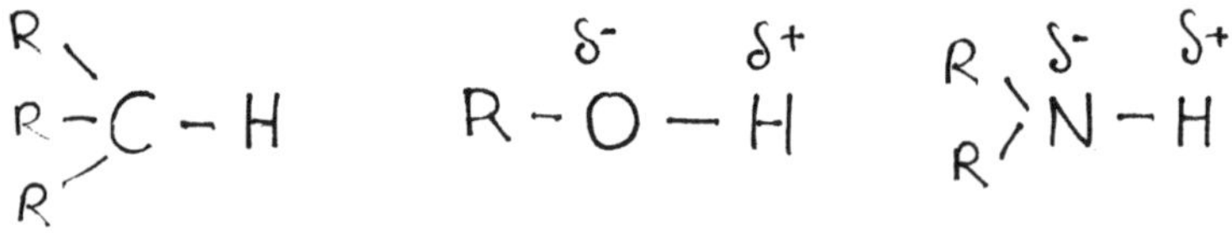

ABBILDUNG 5c:

Polare und unpolare Wasserstoffbindungen

Wenn Wasserstoff mit Kohlenstoff (C für Carbon) eine Bindung eingeht, ist diese neutral. Sein Elektron hält sich dabei bei seinem Proton auf. Wenn der Wasserstoff aber mit Sauerstoff (O für Oxygen) oder mit Stickstoff (N für Nitrogen) eine Bindung eingeht, dann ist diese polar, weil sich sein Elektron näher beim Sauerstoff oder beim Stickstoff aufhält, weil diese etwas »ungesättigt« sind. Dabei entstehen Teilladungen, die wir delta plus (δ+) oder delta minus (δ-) nennen.

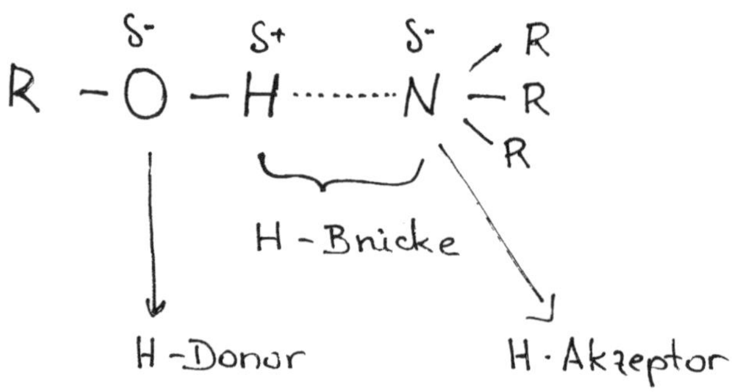

ABBILDUNG 5d:

Die Wasserstoffbrückenbindung

Zwei Moleküle können eine leichte Bindung miteinander eingehen, wenn das eine Molekül einen H-Donor hat und das andere einen H-Akzeptor mit einem freien Elektronenpaar. Hier beispielsweise ein Alkohol mit einer OH-Gruppe und einem Amid, welches einen Stickstoff mit einem freien Elektronenpaar hat. (R steht für Rest.)

diese Oberflächen auf leichte und schnelle Weise abgesucht werden.

Und dazu ist die Wasserstoffbrückenbindung perfekt.

Denn sie sorgt für die räumliche Verteilung der Akzeptor- und der Donorstellen zueinander. Das macht die Spezifität aus.

Jetzt gehe ich noch einen Schritt weiter. Dorthin, wo die genetische Information in unserer DNA gespeichert ist. Wie kann sie abgelesen werden? Klar ist, dass die Reihenfolge der vier Bausteine auf der Kette der DNA die Art der Informationsspeicherung ist (siehe Kapitel 3). Dass es vier Bausteine, A(denin), T(hymin), C(ytosin) und G(uanin), gibt. Und dass A mit T und C mit G paart. Bleibt die Frage offen, wie diese Paarung entsteht. Richtig: Sie verbinden sich mittels Wasserstoffbrücken (Abbildung 5d). Sie sind die Grundlage für die Basenpaarung in der DNA-Helix.

Deshalb ist die Wasserstoffbrückenbindung so wichtig, so grundlegend.

Die Base Adenin hat einen Stickstoff mit einem Wasserstoff als Donor. Sie hat außerdem einen Stickstoff mit einem freien Elektronenpaar als Akzeptor sowie einen Kohlenstoff, der zwar einen Wasserstoff trägt, der aber nicht polar ist und daher keine H-Bindung eingehen kann. Also einen Donor und einen Akzeptor (D und A). Sein Partner, das Thymin, hat dann gegenüber einen Sauerstoff als Akzeptor und einen Stickstoff als Donor (also A und D). Die beiden passen genau zueinander. Die beiden Basen teilen sich die beiden Wasserstoffe und gehen zwei H-Brücken miteinander ein. Zwischen den beiden anderen Basen der DNA, Guanin und Cytosin, sind es sogar drei Wasserstoffatome, die geteilt werden vom Guanin A-D-D und vom Cytosin D-A-A (Abbildung 5e). Hier ist die Wasserstoffbrückenbindung also von enormer Bedeutung, denn sie

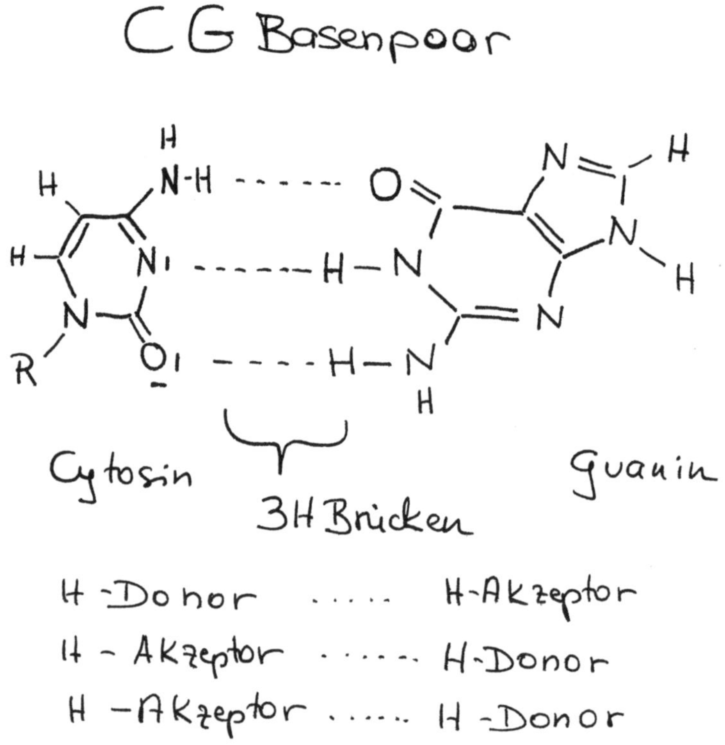

ABBILDUNG 5e:

Ein Cytosin-Guanin-Paar mit drei Wasserstoffbrücken

Diese Verbindung spielt eine wichtige Rolle bei der RNA-Faltung und bei der Vererbung. Cytosin kann drei Wasserstoffbrücken mit Guanin eingehen. Cytosin hat einen H-Donor und zwei H-Akzeptoren, während Guanin genau gegenüber einen H-Akzeptor und zwei H-Donatoren hat.

garantiert, dass sich die »richtigen« Partner, die »richtigen« Basen finden. So garantiert sie eigentlich durch die Anordnung der Donor- und Akzeptorstellen auf den Basen die Speicherung der Information, unserer Erbinformation. (Also doch ein binäres System, wenn statt der vier Bausteine, den Basen Adenin, Cytosin, Guanin und Thymin, nur mehr die Verteilung von Akzeptor und Donor zählt.)

Eine weitere wichtige Anforderung gibt es an die H-Brücke: Sie muss dynamisch sein.

Denn die DNA-Helix muss sich entwinden können, um abgeschrieben werden zu können. Das muss möglichst fehlerfrei funktionieren – die Fehlerquote (wenn man das hässliche Wort »Fehler« bemühen möchte) liegt bei verschwindend geringen 1 zu 10^8 Basenpaarungen. Das ist sehr genau! Die Wasserstoffbrückenbindung verbindet also mit einer sehr hohen Exaktheit die richtigen Basen zu Basenpaaren. Sie ist flexibel genug, um sie nach dem Abschreiben wieder zu lösen. Die H-Brückenbindung ermöglicht hier also zwei fundamentale Dinge in der DNA: dass sie sich zur Doppelhelix faltet und entfaltet und dass die Information abgelesen werden kann.

Ich könnte die Informationsspeicherung auf dem DNA-Strang sogar herunterbrechen und sagen: Die Information, die hier gespeichert ist, die Erbinformation, besteht in der Anordnung der Akzeptor- und Donorstellen für den Wasserstoff. Im Endeffekt ist es nur das. Es ist wie im binären System: Es gibt 0 und 1. Es gibt Donor und Akzeptor. Die Reihenfolge dieser Akzeptoren und Donatoren ist die Art der Informationsspeicherung.

Es stellen also in der ersten Dimension, in der Linearität einer langen Kette, die Anordnung der H-Brücken-Akzeptoren und -Donatoren die Form der Informationsspeicherung dar. Dieselbe Linearität enthält gleichzeitig die Information zur Faltung in eine zwei- und dreidimensionale Struktur.

Und aus dieser entsteht die Fähigkeit zur Funktion. Wenn sich die langen Ketten der Makromoleküle falten, entfalten sie Funktion, sie ermöglichen Stoffwechsel. Das ist es, was das Leben braucht: Information und Funktion. Beides wird durch die H-Brücken ermöglicht.

Hier noch ein kleines, aber extrem wichtiges Beispiel dafür, welche Folgen eine einzige zusätzliche Wasserstoffbrücke haben kann. Es ist der bereits erwähnte Unterschied zwischen DNA und RNA. Die RNA hat einen zusätzlichen Sauerstoff, an dem ein Wasserstoff hängt (die zweite OH-Gruppe). Dadurch entsteht die Möglichkeit, dass an dieser Stelle ein Akzeptor und ein Donor für eine H-Brücke zur Verfügung stehen. Aus diesem Grund kann die RNA viel komplexere, dreidimensionale Strukturen eingehen und eine große Vielfalt von Funktionen entwickeln, welche die DNA nicht kann. Aber es hat auch eine negative Folge. Wenn in die Nähe dieser OH-Gruppe ein negativ geladenes Atom kommt und den Wasserstoff anzieht, dann kann es leicht passieren, dass der Sauerstoff seine eigene Phosphatgruppe angreift und löst und dabei die Kette bricht. Das passiert sehr sehr oft. RNA ist daher instabil, viel instabiler als DNA, und hat sich als Informationsmolekül für die Langzeitspeicherung nicht durchgesetzt.

Die Wasserstoffbrücke hat sich jedenfalls durchgesetzt.

Sie ist die Grundlage für die Informationsspeicherung und für die Funktionsentfaltung.

Sie ist die Grundlage für Leben.

Das finde ich einfach genial.

Mir ist noch nichts Genialeres untergekommen in meinem langen Leben!

KAPITEL 6

Der Ursprung des Lebens

Oder: Das Henn-Ei

Das Leben ist ein Fluss. Es steht nicht still. Es ist nicht fertig, sondern im Werden. Es ist keine Konstante, sondern Veränderung. Es ist nichts, das bleibt. Was wir jetzt sind, ist ein Pünktchen auf einer gedachten geschichtlichen Linie, die irgendwo in der Vergangenheit begann und unvorstellbar weit in die Zukunft reichen könnte. Wir sehen, in welchem Zustand wir uns gerade eben befinden. Und wir sehen, wie wir diesen Zustand erreicht haben. Denn wenn wir zurückblicken, stellen wir fest, dass nicht die Fittesten, die Stärksten und die Tollsten sich durchgesetzt haben. Sondern jene, die sich besonders gut anpassen können. Veränderung: Das ist Leben. Das Leben ist nicht in sieben Tagen gemacht worden, sondern während über vier Milliarden Jahren auf unserem Planeten entstanden. In weiteren vier Milliarden Jahren werden sich andere Dinge entwickelt haben. Wir befinden uns momentan in diesem einen bestimmten Zustand. Die Vergangenheit war anders. Die Zukunft wird anders sein. Das Leben ist im Werden, es ist ein Fluss.

Zweierlei ist es, was dieses Leben ausmacht. Zwei Eigenschaften, auf die die Naturwissenschaftlerin kommt, nähert sie sich mit der ihr eigenen reduktionistischen Methode der

Frage an, was Leben ist: Sie beschreibt jene Eigenschaften, die allen Lebewesen gemein sind. Mit der Erkenntnis, dass sie alle einen Stoffwechsel haben, erstens. Sie nehmen Nahrung auf, wandeln sie um und scheiden sie wieder aus. Und: sie vermehren sich, zweitens. Sie geben dabei ihren Bauplan, die Erbinformation an die nächste Generation weiter. Und zwar selbst organisiert, von innen gesteuert.

Das also ist Leben: selbstorganisierte Information und Stoffwechsel.

Ich trete einen Schritt zurück und überlege, wie dieses Leben entstanden ist. Ganz von Anfang an. Wie ist die Erde entstanden? Noch weiter zurück: Wie sind die Atome entstanden? Und noch einen Schritt zurück: Wie sind die Elementarteilchen entstanden? Dies zu erforschen, ist eigentlich Aufgabe der Physiker, doch so viel möchte ich dazu sagen: Die Eigenschaften, die die Elementarteilchen haben, sind Grundlage für die Eigenschaften der Atome. Deren Eigenschaften sind wiederum Ausgangspunkt für jene der Bausteine des Lebens. So wie die Eigenschaften des Wasserstoffatoms, die für das Leben von grundlegender Bedeutung sind (siehe Kapitel 5).

Das ist ein sehr wichtiger Gedanke! Denn wenn Teilchen, Atome, Moleküle, Zellen entstehen und sich weiterentwickeln, dann organisieren sich diese »erfolgreichen« Moleküle so, dass sie sich vermehren können. Die anderen verschwinden oder entziehen sich einfach unserer Wahrnehmung. Die Eigenschaften der erfolgreichen Moleküle werden dann in diesem Moment festgelegt. Sie können sich nicht mehr ändern, ohne alles das zu ändern, was sich daraus entwickelt hat. Es entsteht der »eingefrorene Zufall«, weil es kein Zurück mehr gibt. Ein gutes Beispiel ist der genetische Code. Ist er, wie er ist, weil es chemisch notwendig war, dass er von Anfang an genau so ist? Oder hätte er auch anders sein können? Ja. Er hätte sich auch anders entwickeln können. Da dieser Code aber jetzt überall in Verwendung ist, kann er sich nicht ändern, ohne die ganze Information, die in ihm steckt, zu verlieren. Aber es hätte mit Sicherheit viele andere Möglichkeiten gegeben, die Erbinformation zu speichern und weiterzugeben.

Ich bleibe bei der Entstehung der Erde – auch wenn es unerheblich wäre, ob das Leben auf der Erde oder auf einem anderen Planeten entstanden ist. Es bräuchte dann nur eine örtliche Verschiebung, um das Leben auf die Erde zu bugsieren; an den chemischen Reaktionen würde sich nichts ändern. Ich betrachte die Entstehung des Lebens auf der Erde nun als rein chemische Angelegenheit und überlege mir: Wie ist damals die Ordnung entstanden, die jetzt in uns Lebewesen herrscht?

Die Erde entstand vor fünf Milliarden Jahren.

Vor 4,2 bis 4 Milliarden Jahren war die präbiotische Zeit: die Zeit der →»Ursuppe«. Wasserstoff, Ammoniak, Methan, Kohlendioxid, Wasser und Stickstoff bildeten die Atmosphäre.

In nur 400 Millionen Jahren – vor 4 bis 3,6 Milliarden Jahren – entstanden die ersten einzelligen Lebewesen. Eigentlich waren sie schon genauso aufgebaut wie all die Lebewesen, die wir heute kennen.

Als die Erde entstand, vor ungefähr fünf Milliarden Jahren, war es extrem heiß, viel zu heiß für chemische Reaktionen, die für die Entstehung von Lebensbausteinen notwendig sind. Es regnete, 300 Millionen Jahre lang, bis sich die Erde abgekühlt hatte, die Meere sich gefüllt hatten und sich langsam eine stabile Atmosphäre bildete. Das ist ein wichtiges Kriterium für die Entstehung von Leben, denn so viel kann ich postulieren: dass das Wasser unsere Urmutter ist. Dass das Leben in wässriger Lösung entstanden ist. (Abbildung 6)

ABBILDUNG 6

Die Entstehung des Lebens

Vor etwa viereinhalb Milliarden Jahren ist unsere Erde entstanden. Damals war es sehr heiß. Erst als die Erde sich abkühlte, die Meere sich füllten und Wasser entstand, konnten die chemischen Reaktionen beginnen, die notwendig waren, um die Bausteine für das Leben hervorzubringen. In dieser präbiotischen Suppe entstanden erste längere Moleküle, die Information speichern und sich vermehren konnten. Das Henn-Ei ist ein Produkt der Ursuppe. Es diente als erstes biologisch aktives Molekül. In diesem Zeitalter, das wir als die RNA-Welt bezeichnen, entstanden erste Organismen, die sich bereits vermehren konnten, dessen Information als RNA gespeichert war und dessen Stoffwechsel durch RNA-Moleküle gesteuert wurde. Die DNA hat sich schnell als das besser geeignete Molekül zum Speichern der wertvollen Erbinformation entwickelt, während Proteine die besseren Katalysatoren sind: Es entstand die DNA/Protein-Welt, in der wir heute noch leben. Die erste Urzelle entstand, aus der sich alle heutigen Lebewesen entwickelt haben. Das war vor etwa 3,6 Millionen Jahren. Die Evolution konnte beginnen.

Entstehung des Lebens

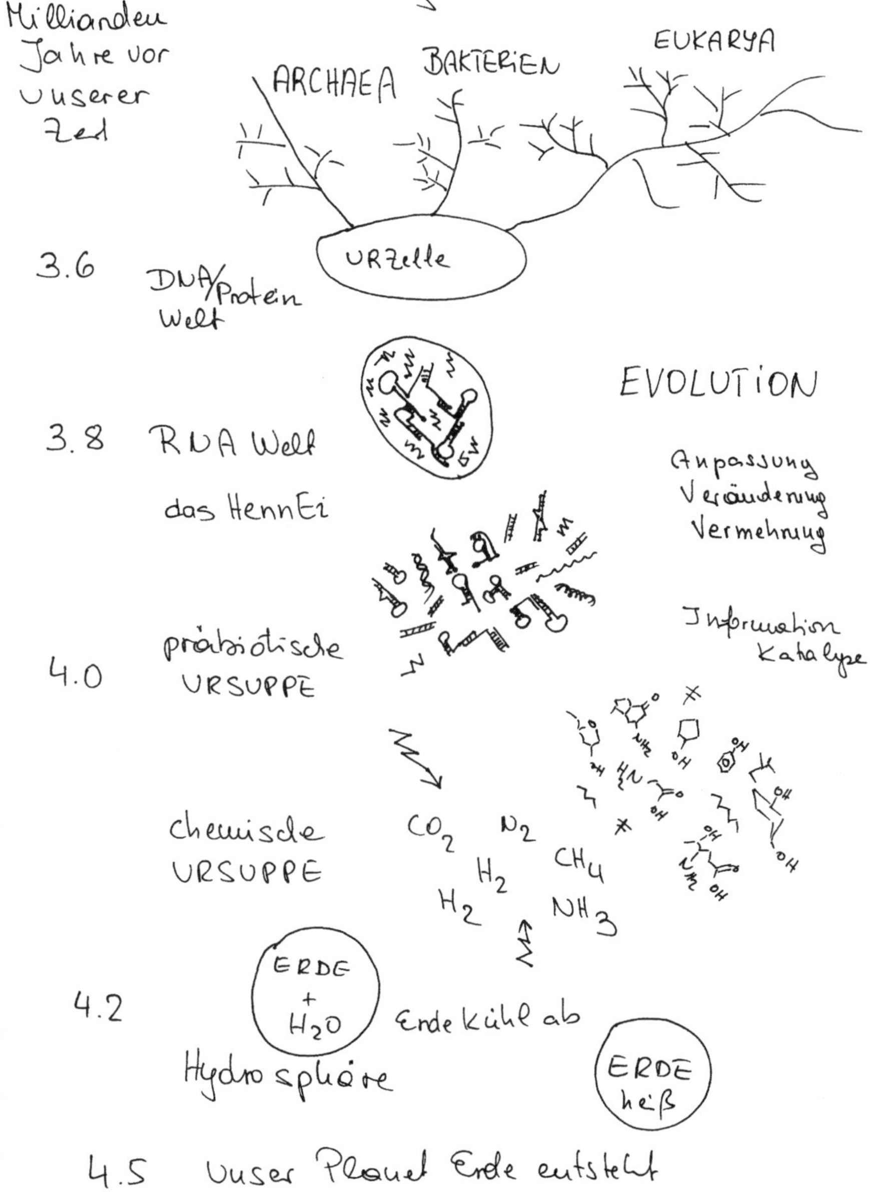

Aus dem Wasser, in wässriger Lösung, entwickelten sich nach und nach die Bausteine des Lebens: Aminosäuren, Zucker, Basen, Alkohole, eine Vielzahl von kleinen organischen Molekülen, die wir heute als präbiotisch bezeichnen. Sie sind die Metabolite, die auch heute den Stoffwechsel in unseren Zellen erzeugen. Wie konnte es dazu kommen, dass diese elementaren Bausteine entstehen?

Eine Serie von Versuchen ging dieser Frage auf den Grund: die Ursuppenexperimente. Stanley →Miller führte sie gemeinsam mit Harold Clayton Urey im Labor der Universität von Chicago durch. Das war 1953. Kern des Miller-Urey-Experimentes war es, Bedingungen künstlich herzustellen, die jenen glichen, die bei der Entstehung des Lebens vor vier Milliarden Jahren herrschten. Das bedeutet auch: keinen molekularen Sauerstoff, denn diesen gab es vor vier Milliarden Jahre noch nicht. Die hohe Menge an molekularem Sauerstoff in unserer Atmosphäre ist selbst ein Produkt des Lebens. Die Lebewesen erst brachten die hohen Mengen an molekularem Sauerstoff (O_2) durch die Photosynthese: Aus CO_2, Wasser und der Energie der Sonne entstanden Kohlenhydrate. Diese chemischen Reaktionen finden unverändert bis heute statt. Der einzige Unterschied zu der heutigen Photosynthese und der damals ablaufenden chemischen Reaktion ist: Die Verhältnisse auf unserem Planeten (gehen wir einfach einmal davon aus, das Leben entstand auf der Erde) wurden von wenigen vorhandenen Stoffen bestimmt: Methan, Wasser, Wasserstoff, Stickstoff, Kohlendioxid und Ammoniak. Heute können diese Reaktionen reguliert stattfinden, denn Zellen können ihren Stoffwechsel genau regulieren und den Bedingungen anpassen. Dafür gab es in der präbiotischen Zeit bereits Jahreszeiten, Tag und Nacht, Winter und Sommer. Es gab Blitze, Wind und Regen. Das ist sehr wichtig, denn Leben kann nur dann entstehen, wenn sich ständig die Bedingungen ändern. Kalt, heiß, hochsalzig, niedrigsalzig, UV-Strahlen, alles, was chemische Stoffe anregt.

Die Ursuppenexperimente berücksichtigten diese Bedingungen: Es wurde zyklisch geheizt und gekühlt, und es wurden Lichtblitze und elektrische Entladungen simuliert, um möglichst nah an der Realität zu sein. Das Experiment war wirklich simpel: Miller mischte die Gase der Uratmosphäre in einem Glaskolben, erhitzte und kühlte, setzte unter Strom und provozierte elektrische Entladungen, bestrahlte mit UV-Licht. Nach einer Woche untersuchte er die Zusammensetzung seiner Ursuppe. Und siehe da: Es entstanden tatsächlich präbiotische Baustoffe: Basen, Aminosäuren und zuckerähnliche Verbindungen. Organische Verbindungen. Solche, die auch heute die Bausteine unserer Biomoleküle bilden. Dieses Ergebnis war ein Durchbruch. Es zeigte: Diese organischen Verbindungen können, unter ganz bestimmten Bedingungen, de novo entstehen: Aus einfachen Verbindungen konnten komplexere entstehen. Ohne Bauplan, ohne Kochrezept! Es ist also chemisch möglich, dass die Bausteine des Lebens spontan entstehen.

Es war ein Durchbruch, ein Ergebnis mit weitreichenden Folgen. Es bedeutet nämlich, dass es eben keine Schöpfung geben musste, dass nicht auf einmal ein komplexes System da war. Sondern, dass aus einem einfachen System, bestehend aus sehr einfachen Verbindungen, nach und nach immer komplexere Systeme entstehen können. Aus Elementarteilchen bilden sich Atome, aus Atomen komplexere Moleküle. Die Ursuppenexperimente beweisen, dass diese Entwicklung rein chemisch möglich ist. Dass das Leben so entstanden sein kann. Dass aus elementaren, nicht biotischen Verbindungen präbiotische Verbindungen entstehen, die eigentlichen Bausteine des Lebens.

Auch wenn sie nicht beweisen, dass es tatsächlich so war.

Das ist das grundlegende Problem, vor dem jeder steht, der sich mit der Evolution beschäftigt. Er kann experimentieren, Evidenz ansammeln und Indizien anhäufen. Er kann zeigen, dass es so gewesen sein könnte und dass es chemisch möglich ist, dass diese komplexen Verbindungen aus einfachen Molekülen entstehen. Aber er kann es nicht endgültig beweisen, sondern eben »nur« zeigen, dass es möglich ist. Vieles kann auch vom heutigen Stoffwechsel abgeleitet werden. Denn die chemischen Reaktionen im Stoffwechsel bleiben gleich. Auch die Reihenfolge der chemischen Reaktionen bleibt oft gleich. Was sich in Jahrmillionen der Evolution ändert, ist die Geschwindigkeit und die Verteilung der einzelnen chemischen Reaktionen, deren Ordnung und Anhäufung, aber nicht die Reaktionen selbst. Sie sind heutzutage von Enzymen katalysiert, deshalb gehen sie schneller und kontrollierter vor sich. Aber sie haben sich im Grunde nicht verändert.

Mit den Ursuppenexperimenten konnte bewiesen werden, dass die Bausteine des Lebens aus den Umständen, die auf der Erde herrschten, hervorgegangen sein könnten: Zucker, Phosphate, Aminosäuren, Basen entstanden. Sie sind, ähnlich den Ziegeln eines Hauses, die Grundbausteine fürs Leben, sie sind die Voraussetzung. Sie sind die Bausteine der Zellen, so wie wir sie heute kennen. Aus ihnen entwickelte sich das Leben, mit den bekannten Merkmalen: selbstorganisierte Information und Stoffwechsel. Wie konnten sich diese Lebensinformation und der katalysierte Stoffwechsel aus einfachen Bausteinen entwickeln? Wie ging es weiter?

Ich kehre also zurück zu meinem System, zurück zu meiner Definition von Leben. Zu den beiden Eigenschaften. Erstens: Information. Sie steckt in der DNA. Zweitens: Stoffwechsel. Die Kontrolle des Stoffwechsels übernehmen die Proteine.

Um Information zu speichern, braucht es große, lange Moleküle. Die kurzen Metabolite, die es in der Ursuppe gibt, können kaum Information speichern. Deswegen ist der nächste Schritt in der Evolution, der geschehen muss, die »Polymerisation« von kleinen Bausteinen zu längeren Ketten. Darunter versteht man, dass sich kleine Bausteine chemisch zu langen Ketten aneinanderheften, sich verbinden. Sowohl die DNA als auch Proteine sind lange Ketten. Beide können zu langen Ketten polymerisiert werden.

Über viele Jahre hinweg zielten die Ursuppenexperimente darauf ab, herauszufinden, wie in der Ursuppe die DNA entstehen konnte. Oder wie die Proteine in der Ursuppe entstehen konnten. Ein Knackpunkt. Denn: Die Proteine sind notwendig, um DNA herzustellen. Die Information der DNA ist notwendig, um Proteine herzustellen.

Da war es wieder, das Henne-Ei-Problem. Was kam zuerst? Die Henne, die das Ei legt? Oder das Ei, aus dem die Henne schlüpft? In den 1980er Jahren gab es tatsächlich zwei Lager von Wissenschaftlern. Die, die für die DNA waren. Und die, die sagten: Die Proteine waren zuerst da. Auf einmal kam ein dritter Spieler aufs Feld: die Ribonukleinsäure, die RNA (siehe Kapitel 4). Sie kann nämlich beides. Sie kann Bauplan sein und den Stoffwechsel antreiben. Sie ist das Henn-Ei.

(Ein kleiner Hinweis: Im nächsten Kapitel werden Sie mehr darüber erfahren, was die »RNA-Welt«-Hypothese ist und warum diese so faszinierend ist. An dieser Stelle ist nur wichtig, dass das erste biologische Informationsmolekül die RNA war. Dass also ein Szenario entwickelt wird, in dem lange RNA-Ketten entstehen, die informativ sind und katalytische Aktivität besitzen, vor allem um sich zu replizieren.)

Zuerst einmal können sich diese kleinen Bausteine zu kurzen Ketten ganz zufällig aneinanderreihen, ganz unkontrolliert. In der präbiotischen Chemie, in der Ursuppe, gab es also die einzelnen Bausteine, unter anderem diese vier Basen (A, C, G und U für Adenin, Cytosin, Guanin und Uracil). Sie begannen zu kondensieren, längere Verbindungen entstanden. Aus vier Informationsbausteinen entwickelte sich ein System, das unendlich viele Möglichkeiten hatte. Denn die Variationsbreite ist nahezu unendlich, sie beträgt 4 hoch der Länge der Kette, also 4^n. Ein geniales System! Aus dem sich Moleküle entwickelten, die beide lebensnotwendigen Fähigkeiten hatten: Information und Stoffwechsel.

Hier kommen die Kritiker ins Spiel. Jene, die sagen: Es muss eine göttliche Eingebung gegeben haben, denn es kann kein Zufall sein, dass sich die vier Bausteine chemisch aneinanderketten, dass sie ganz von alleine die langen, genialen Ketten aufbauen! Die Wahrscheinlichkeit ist viel zu gering. Sie müssen ein →Model gehabt haben, irgendetwas, auf dem sie aufbauen konnten.

Dies ist eine der offenen Fragen: Sind diese Ketten rein zufällig entstanden?

Sind sie rein zufällig polymerisiert? In einer beliebigen Reihenfolge von Bausteinen, wie gewürfelt, ohne vorherige Information und ohne vorgegebenes Ziel? Oder gab es das Model? Eine komplementäre Form, die diesen Ketten eine Struktur diktierte? Was könnte sie gewesen sein? Hier gibt es viele Möglichkeiten, und es kommt natürlich sofort die Frage auf, wie dieses Form gebende Model entstanden ist. Oder gab es eine nicht-organische Oberfläche, auf der die Bausteine kondensieren konnten? So, wie es die Ursuppenexperimente postulieren? Eine offene Frage.

Ich hatte da eine Idee. Ich dachte mir, dass es ein Model gegeben haben könnte, eine komplementäre Form. Und dass dieses Model vielleicht schon ein kleines →Peptid war, also eine Kette aus verschiedenen Aminosäuren. Dass nicht nur kurze Ketten aus den Basen entstanden sind, kurze RNA-Ketten, sondern auch kurze Ketten aus Aminosäuren, die wir kurze Peptide nennen. RNA und Proteine sind heute dermaßen gute Partner, dass sich diese Gemeinschaft mit großer Wahrscheinlichkeit von Anfang an entwickelt hat. Es genügt eben nicht, dass sich einfach Ketten willkürlich, in beliebiger Folge bilden. Es braucht eine weitere Voraussetzung: Diese langen Ketten müssen Funktionen entfalten können, und das ist nur möglich, wenn die Kette sich falten und eine Struktur einnehmen kann. Es ist ihre Struktur, die es der Kette erst möglich macht, eine katalytische Aktivität zu entfalten. Außerdem muss sich diese Struktur replizieren, sich selbst verdoppeln können, wenn sie in das evolutionäre Spiel einsteigen will. Das ist ja eine Voraussetzung für die Evolution, dass sich die informativen Moleküle vermehren können. Damit das, was erfolgreich und funktionell ist, auch weiterbestehen kann, muss es sich vermehren, also abgeschrieben werden (siehe Kapitel 3). Nur: um sich verdoppeln zu können, um abgeschrieben werden zu können, muss sich die Struktur strecken. In dem Moment, in dem sie sich streckt, kann sie nicht mehr katalytisch aktiv sein, denn die Fähigkeit zur →Katalyse hat sie nur im gefalteten Zustand. Da ist schon das nächste Problem, die nächste Hürde.

Es ist also unmöglich, dass sich ein Molekül selbst repliziert. Weil es sich dafür entfalten muss und dabei seine Aktivität verliert.

Ich postuliere deshalb, dass es mindestens zwei Moleküle gewesen sein müssen, ganz am Anfang. Zwei identische Moleküle. Oder fast identische Moleküle. Die Wahrscheinlichkeit, dass zweimal etwas völlig Identisches aus der 4^n zählenden Fülle an Möglichkeiten entsteht, ist sehr gering, noch geringer, als dass es zufällig einmal entsteht.

Deshalb denke ich, dass sehr wohl ein Model da war. Eine komplementäre Struktur. Und dass dieses Model eben ein kleines Peptid, eine kurze Kette von Aminosäuren, gewesen sein könnte.

Diese Annahme mache ich nicht ganz ohne Grund. Ich habe herausgefunden, dass es viele Antibiotika gibt, auch Peptid-Antibiotika, die mit RNA wechselwirken. Noch heute, 4 Milliarden Jahre nach der Ursuppe. →Viomycin oder Tuberactinomycin, so heißt eines dieser Antibiotika, das mich sehr begeistert, ist im Einsatz gegen Tuberkulose. Es ist ein kleines, zirkuläres Peptid, das sich noch heute an katalytisch aktive RNA bindet und ihre Funktion steuert. Vielleicht war es das Model. Nicht exakt dieses, aber eine Substanz, die ihm sehr ähnlich ist. Viomycin wäre dann dieses Model aus der Ursuppe, ein sogenanntes molekulares →Fossil, ein Überbleibsel aus der Ursuppe. Es ist das ursprüngliche Model, oder die Models (es könnten ja genauso gut mehrere gewesen sein). Es zu finden, ist nicht so leicht. Man müsste im Labor alles rückwärts ablaufen lassen können. Dann könnte man die kleinen Peptide finden, die das Model für die erste replikative RNA waren.

Klar ist, dass Ketten entstanden sind. Lange Ketten, die in der Lage sind, sich zu vermehren, indem sie sich verdoppeln. Während dieser Verdoppelung wurden die Basen abgeschrieben. Einige davon wurden aber nicht identisch wieder eingebaut. Es entstanden Variationen, →Mutationen. Mutation gibt es noch heute, wir haben noch immer eine Mutationsrate von $1:10^8$. In einer von 100 000 000 Basen einer Kette, die sich verdoppelt, wird eine falsche Base eingebaut.

Das wird oft als Fehler bezeichnet.

Ich mag diese Bezeichnung »Fehler« nicht. Denn sie impliziert, dass etwas schlecht ist. Oder unerwünscht. Dabei ist genau diese Eigenschaft der Basen, dass sie nur eine gewisse Genauigkeit zulassen, die Grundvoraussetzung dafür, dass Leben sich im Sinne der Evolution entwickeln kann. Weil Evolution nur durch Veränderung möglich ist.

Es sind diese zwei Moleküle entstanden, die sich gegenseitig replizieren können. Sie replizieren sich und replizieren sich, immer wieder bauen sie sich selbst nach. Und enden in einer Sackgasse. Erst dadurch, dass immer kleine Variationen – Fehler – entstehen, entstehen neue Eigenschaften. Ist eine dieser Eigenschaften überlegen, wird sie sich durchsetzen, denn dann ist es ein Vorteil für das gesamte System. Das ist Evolution: Amplifikation (Vermehrung), Mutation (Veränderung) und schließlich Selektion.

Die Veränderungsrate bei der Amplifikation der RNA ist wahrscheinlich damals sehr hoch gewesen. Noch heute entstehen bei der Replikation von RNA oder DNA Variationen, »Schreibfehler«. In einem von 10^8 Fällen funktioniert das System der Basenpaarung (Adenin paart mit Uracil oder Thymin und Guanin paart mit Cytosin) nicht richtig, bzw.: es lässt in einem von 10^8 Fällen Veränderung zu. Es ist eine inhärente chemische Eigenschaft dieser Basen. Es ist nicht ein göttlicher Bauplan, der dahinter steckt und die Entwicklung lenkt. Diese Moleküle haben die Eigenschaft aus sich heraus, das System selbst lässt Dinge entstehen. Das ist die Grundvoraussetzung für die Evolution. Wären sie exakt in ihrer Replikation, würde sich nichts verändern. Das ist spannend, denn viele Menschen wünschen sich, dass sich nichts verändert. Sie sehen Veränderung negativ. Als Fehler.

Aber: Aus Fehlern lernt man. Und entwickelt sich weiter.

Ich schwimme in meinen Betrachtungen noch immer in der Ursuppe. Ich habe jetzt Moleküle, die sich replizieren, verändern, weiterentwickeln. Die besten vermehren sich schneller und gewinnen dann das Rennen. Was ist der nächste Schritt? Er liegt eigentlich auf der Hand. Die guten

Moleküle müssen sich abgrenzen. In einer Suppe könnte ja alles davonschwimmen. Es muss sich daher rund um diese Suppe von Molekülen eine Grenze bilden. Eine Membran. Die die guten Moleküle von der restlichen Ursuppe abgrenzt. Damit sich auch die Konzentration erhöhen kann, denn dann laufen die chemischen Reaktionen schneller ab. Diese Membranen bestehen aus Fetten, aus Lipiden. Fett löst sich nicht in Wasser. Wasserunlösliche Fette bilden die Membranen, die sogenannte Haut der Zellen, die das Innen vom Außen abgrenzen. Wichtig dabei ist, dass zwischen Innen und Außen ein Unterschied besteht, ein chemischer Unterschied. Meistens ist es die Salzkonzentration innerhalb und außerhalb der Zellen, die wichtig ist für das Leben – sie bewirkt, dass eine Spannung besteht, ein Unterschied in der Menge der Ionen innen und außen. H^+, Na^+, K^+, Ca^{2+}, Mg^{2+}. Das sind die wichtigsten Spannungsmacher. Innerhalb der Membranen können dann alle Komponenten des Stoffwechsels gehalten werden, damit sie nicht diffundieren, das heißt davonschwimmen. Dabei werden die chemischen Rektionen gesteuert und jene Substanzen hergestellt, welche die Zellen zum Wachsen brauchen. Durch die Membranen müssen Stoffe geordnet hinein- und hinauswandern können und vor allem, und das ist ganz wichtig, müssen durch diese Membranen Signale gelangen, damit die Zelle ihre Umgebung erkennt und sie mit den Zellen in ihrer Nähe und Ferne kommunizieren kann. All das sind chemische Prozesse.

Alles ist Chemie!

(Und natürlich dahinter ein bisschen Physik.)

Wie die Fettaugen auf der Rindsuppe ziehen sich also die Membranen auch in der Ursuppe zusammen und grenzen die Moleküle von der Umgebung ab. Es bilden sich Kompartimente. Diese →Kompartimentierung ist ein erstes Modell einer Zelle. Und diese Urzelle wächst, bis zu einer bestimmten Größe, sie teilt sich in zwei. Sie teilt sich in Tochterzellen. In jeder der Tochterzellen müssen dieselben Moleküle wie in der Mutterzelle sein. Halbe-halbe. Sonst kann es passieren, dass eine Zelle ein Molekül zu viel hat, während die Schwesterzelle eines zu wenig hat.

Um das zu gewährleisten, verbinden sich die kurzen Ketten, die gestreckt oder gefaltet sind, zu immer längeren Ketten. Damit eine davon nicht mehr so leicht verloren gehen kann. Die langen Ketten verdoppeln sich, indem ihre komplementären Formen hergestellt werden. Zu jeder entfalteten Kette wird das fehlende Gegenstück gebildet. So entstehen zwei identische Ketten. Die dann unter den Tochterzellen aufgeteilt werden. So passiert es heute noch mit unseren Genen. Die DNA sitzt auf langen Ketten, damit die Zellteilung effizient vor sich gehen kann. Diese langen Ketten enthalten all unsere Gene, die im Lauf der Evolution zusammengekommen sind, unsere Chromosomen.

Bisher spielt sich die Entstehung des Lebens auf der Ebene der RNA ab. Doch irgendwann verlor die Ribose den Sauerstoff. Und dabei entstand die DNA, die sich als das stabilere Molekül durchgesetzt hat. Sie erwies sich als jene Form der Informationsspeicherung, die die umfassende und wertvolle Erbinformation besser speichern kann. Weil sie träger ist, nicht so sensibel und flexibel wie die RNA. Weil die DNA ein passives Molekül ist, das die Information speichert. Die RNA dagegen ist wendig, verformbar und sehr aktiv.

Sie bezeichne ich als das Molekül des Lebens.

Sie ist leichter verformbar.

Und ohne Veränderung kein Leben.

KAPITEL 7

Die RNA-Welt

Oder: Willkommen in meiner Lieblingswelt

So könnte es also begonnen haben. Mit dem heutigen Stand des Wissens und aus der Sicht von uns Chemikern betrachtet, könnte das Phänomen Leben so begonnen haben, wie es in Kapitel 6, »Der Ursprung des Lebens«, beschrieben ist. Es ist natürlich nur ein hypothetisches Szenario, das sich als Ergebnis vieler Experimente und Erkenntnisse herauskristallisiert hat und sich im Laufe der Jahre immer weiter verfeinern wird. Es ist ein sehr stimulierendes und kontroversielles Thema, weil es von vielen Religionen dogmatisch besetzt ist. Aber allen Dogmen zum Trotz ist dies doch die zentralste aller Fragen überhaupt: »Woher kommen wir?« Sie beschäftigt uns alle, aber doch meistens nicht aus der chemisch-molekularen Perspektive. Für mich, als Chemikerin, ist es momentan aber die einzig zielführende Weise, dieses Thema anzugehen.

Einige Fakten sind bereits auf dem Tisch. Das Leben besteht aus Information und dessen Weitergabe. Die Information steckt heute in der DNA. Diese Information verdoppelt sich, um an die nächste Generation weitervererbt zu werden. Die chemischen Reaktionen, welche notwendig sind, um die DNA-Verdoppelung und -Aufteilung zu gewährleisten, werden von Proteinen katalysiert. Diese beiden Prozesse, Information und Katalyse, sind die Kernphänomene des Lebens. Die Information der DNA ist notwendig, um ein Protein herzustellen (ein Protein ist ja ein Genprodukt), und die Proteine sind wiederum nötig, um die Synthese der DNA zu katalysieren.

Ich komme also zurück zu diesem Punkt, zum Knackpunkt, an dem die »Henne-oder-Ei«-Frage steht. Was war denn nun zuerst? Die Henne oder das Ei? Die DNA oder die Proteine?

Eigentlich führt diese Art zu denken direkt in eine Sackgasse. »Was war zuerst?« und »Was ist wichtiger?« sind keine guten Fragen. Die Wissenschaft war damit lange auf dem Holzweg. Der Geistesblitz, der aus dieser Sackgasse führt, ist eigentlich ganz simpel. Man drehe die Evolution um und suche nach einem Zustand oder einer Zeit, in der die Henne und das Ei ein und dasselbe waren – beide mussten sich ja im Laufe vieler Jahre entwickeln, vielleicht haben sie einen gemeinsamen Ursprung. Man suche also nach dem Henn-Ei: nach etwas, das gleichzeitig Henne und Ei sein konnte, oder aus dem sich beides entwickeln konnte.

Endlich ein brauchbarer Gedanke! Aber es dauerte lange, bis er aufkam. Es musste das Henn-Ei zuerst entdeckt werden, um dann zu realisieren, welche Auswirkung diese Entdeckung auf unser Weltbild haben würde. Die RNA war das Henn-Ei. Sie war schon viele Jahre bekannt, trotzdem wusste man nicht viel über sie. Sie war so schwierig zu handhaben, so instabil. Sie wurde nur als Zwischenprodukt zwischen DNA und Proteinen gehandhabt, eben nur eine Übersetzerin; ein Bote zwischen der DNA und den Proteinen.

Als aber dann 1982 Thomas →Cech und Sidney →Altmann unabhängig voneinander entdeckten, dass es RNA-Moleküle gibt, die chemische Reaktionen katalysieren konnten, war das natürlich ein echter Hammer.

Sie hatten die Lücke geschlossen, sie hatten das Henn-Ei identifiziert.

Sie wollten zuerst selbst nicht glauben, was sie da sahen, weil es gänzlich unerwartet war. Sie brauchten lange, um sich selbst zu überzeugen, dass es wirklich stimmte, was sie sahen: Hier fand chemische Katalyse statt und es war kein Protein beteiligt, sondern »nur« eine RNA. Die Wissenschaftswelt war überrascht. Das war eine echte Entdeckung, die zum Umdenken zwang, und diese Erkenntnis war natürlich für alle anregend. Walter →Gilbert schrieb 1986 darüber den spannenden Aufsatz: »The RNA world«, der aus der gedanklichen Sackgasse führte.

Denn die RNA kann das Henn-Ei gewesen sein, weil sie eben das leisten kann, was es für die Entstehung des Lebens benötigt. Weil sie ein Molekül ist, das beides enthält: Information und Funktion. In ihrer Kettenlänge stecken die Information für die Weitervererbung und gleichzeitig die Fähigkeit, sich in dreidimensionale Strukturen zu falten, um katalytische Aktivität zu entwickeln. Während der Entstehung des Lebens in der Ursuppe bildeten sich immer längere Ketten von RNA-Molekülen, bis diese sich falten konnten und dabei eine entstand, die andere RNAs abschreiben konnte. Nach und nach entstanden viele RNA-Ketten, die sich falten und verschiedene chemische Reaktionen katalysieren konnten. Die in der Lage waren, ein primitives Leben zu unterstützen.

Dies ist die von Wally Gilbert postulierte RNA-Welt-Hypothese. Die RNA-Welt ist jene Zeitspanne (siehe Abbildung 6, Seite 85), in der ein primitiver →Metabolismus von RNA-Molekülen gesteuert wurde und die Information dafür in der RNA enthalten war. Die RNA konnte die Verdoppelung von RNA-Molekülen selbst katalysieren und konnte so diese Information weitergeben. Diese Hypothese ist so einfach und schön, dass sie einfach stimmen muss (aber das ist jetzt keine wissenschaftliche Denkweise, sondern ein Wunschdenken, und das ist unzulässig).

Was bleibt, ist die RNA-Welt-Theorie herauszufordern und zu überprüfen.

Um zu sehen, ob es wirklich so gewesen sein könnte.

Die RNA-Welt-Theorie besagt, dass es während der Entstehung des Lebens und während der Evolution ein Zeitalter gegeben hat, in dem RNA-Moleküle beide Funktionen, sowohl die Information als auch den Metabolismus, gesteuert haben. Es war eine Zellform, in der RNA sozusagen dominiert hat und es RNA-Katalyse gab, sodass der Stoffwechsel RNA-kontrolliert war.

Wir waren so auf Proteine fixiert bei der Erforschung des Ganzen! Vielleicht muss man auch erklären, warum wir uns so getäuscht hatten: Weil Proteine so viel stabiler sind. Proteine sind viel solider, man konnte einfach besser an ihnen arbeiten, obwohl wir natürlich auch sehr viele Vorsichtsmaßnahmen brauchen, um sie nicht zu zerstören. Wir wussten nicht, wie wir mit RNAs arbeiten sollten. Wir kannten die vielen enzymatischen Reaktionen der Proteine. Es gab enorme Fortschritte in der Biochemie, aber wir wussten so gut wie nichts über die RNA. Als ich an meiner Dissertation arbeitete, war es eine richtige Heldentat, RNAs aus der Zelle zu isolieren. Weil sie so instabil sind. Wenn man da nicht sauber genug arbeitet, bevor man die Zelle aufmacht, ist alles schon abgebaut, bevor man die RNA überhaupt in die »Hand« bekommt. (Deutlich wird dieses Problem etwa bei den RNasen. Unser Schweiß enthält Enzyme, die RNAs sehr schnell abbauen, man nennt sie RNasen. RNasen sind allgegenwärtig. Sie haben eine wichtige Schutzfunktion. So schützen sie unsere Hände und unsere Haut vor RNA-Viren (siehe Kapitel 8). Das heißt, eine fremde RNA, die in die

Zelle eindringt, ist ein Alarmsignal. Davor schützen sich unsere Zellen, deswegen werden sie auch sehr schnell abgebaut.) Es dauerte lange, bis wir das in den Griff bekamen.

Aber wir schafften es. Wir bekamen die RNA in den Griff und konnten auch ihre chemischen Eigenschaften definieren und beweisen. Wir haben sie tausendfach überprüft, daran ist nicht mehr zu rütteln. Eine ganz andere Sache ist und bleibt die Theorie der RNA-Welt und die Entstehung des Lebens in Form der RNA. Dies zu beweisen, ist eine ganz andere Herausforderung, eine unmögliche Herausforderung – weil wir ja nicht dabei waren.

Das ist das Frustrierende an der Forschung über den Ursprung des Lebens: Es gibt keine Beweise. Aber: es gibt chemische Experimente, die beweisen, dass es so gewesen sein könnte, dass es chemisch möglich ist. Aber eben nicht, dass es so war. Es gibt Argumente, die für eine RNA-Welt sprechen. Diese gilt es zu sammeln und zu überprüfen.

Ein solches Argument ist die Existenz molekularer Fossilien.

Sie sind ein Hinweis darauf, dass die RNA tatsächlich vor der DNA da war. Es gibt heute noch viele Viren (Grippeviren, das HI-Virus, Schnupfenviren), die keine DNA für die Speicherung ihres Bauplans benutzen, sondern RNA. Und es gibt heute noch Enzyme, die aus RNA bestehen und Katalyse, also Stoffwechsel, betreiben. Es gibt sie also noch, die Ur-RNAs. Man könnte sie als lebende Fossilien bezeichnen. Molekulare Fossilien. Botschafter aus der RNA-Welt.

Es haben sich auch Enzyme entwickelt, welche die Bausteine der RNA in Bausteine der DNA umwandeln. Auch das erzählt uns ja schon, dass RNA-Bausteine vorher da waren und später umgewandelt wurden. Aus Ribose wird Desoxyribose hergestellt. Das Enzym, welches diese Reaktion macht, heißt Ribonukleotidreduktase. Aus Uracil wird Thymin hergestellt. Das Enzym dafür heißt Thymidylatsynthase. Es gibt also heute noch in unseren Zellen diesen Vorgang, bei dem zuerst RNA-Bausteine hergestellt werden, um diese dann in DNA-Bausteine umzuwandeln.

Für die RNA-Welt-Theorie sprechen außerdem die vielen Enzyme, die →Koenzyme für ihre Aktivität brauchen. Weil diese Koenzyme RNA-Bausteine enthalten. Das ist für mich ein besonders überzeugendes Argument. Denn diese Koenzyme können aus der Zeit der RNA-Welt stammen. Um sie herum etablierte sich die Proteinwelt. Das aktive Zentrum des Enzyms aber besteht noch heute aus RNA. Das ist ein schönes Beispiel dafür, dass die Evolution im Gange ist. In ein paar Jahrtausenden sind diese Koenzyme vielleicht schon weg und zu reinen Proteinen evolviert.

Und dann ist da noch die wichtigste Energiespeicherform in unseren Zellen, das →ATP (Adenosintriphosphat). Es ist ebenfalls ein RNA-Baustein. Im Grunde dreht sich bei unserem Stoffwechsel fast alles darum, RNA-Bausteine wie ATP herzustellen. Das heißt: Unsere wichtigste Energiespeicherform besteht aus RNA. RNA ist überall.

Soweit die Argumente. Doch es gibt auch Experimente, Techniken, die Hinweise dafür liefern, dass die RNA-Welt-Theorie wahr sein könnte. Dass sie chemisch möglich ist. Eine davon ist →SELEX. Es ist in meinen Augen die spannendste Technik überhaupt, um RNA-Moleküle zu entwickeln. Als diese Technik Ende der 1980er, Anfang der 1990er Jahre möglich wurde, war ich völlig begeistert und wollte sie sofort anwenden. Und das machen wir auch heute noch in meinem Labor, in unterschiedlichsten Variationen. SELEX steht für: Systematische Evolution von Liganden durch Exponentielle Anreicherung. Mit dieser Methode können wir im Labor die In-vitro-Evolution von RNA-Molekülen durchführen und RNA-Moleküle mit allen möglichen gewünschten Eigenschaften entwickeln.

So einfach, wie das klingt, ist es zwar nicht, aber es lohnt sich. Zuerst wird eine DNA-Bibliothek hergestellt, die dann in eine RNA-Bibliothek umgeschrieben wird. Es handelt sich dabei um eine enorm komplexe Ansammlung von sehr, sehr vielen unterschiedlichen RNA-Molekülen. Lange Ketten (etwa 40 bis 100 Bausteine lang) werden am Synthesizer hergestellt, indem bei jedem Schritt der Kettenverlängerung alle vier Bausteine zugegeben werden. Dabei entsteht eine vollkommen randomisierte (zufällige) Ansammlung von Ketten mit ganz unterschiedlichen Sequenzen.

So können ohne Weiteres Bibliotheken mit 10^{15} verschiedenen Molekülen verarbeitet werden. Aus dieser großen Zahl von verschiedenen Molekülen werden dann jene selektiert, die die Eigenschaft haben, nach der wir suchen. Das passiert in zyklischen Schritten von Selektion und Amplifikation, also Auswahl und Vermehrung. Die Moleküle, die die gewünschte Eigenschaft haben, werden von denen, die sie nicht haben, getrennt und die »guten« werden amplifiziert. Dann wird noch einmal getrennt und wieder amplifiziert. Und wieder und wieder – bis jene RNA-Moleküle im Reagenzglas sind, die die gesuchten Eigenschaften haben (Abbildung 7). Bei der Selektion können wir uns alle Eigenschaften ausdenken, die wir wollen. Während der Amplifikation können wir noch weitere Variationen in unsere Bibliotheken einführen, um die Diversität zu erhöhen. Wir machen also »Fehler«, um mehr Variation zu erhalten, und amplifizieren, bis wir genau das Molekül haben, das wir wollen.

Mit dieser Methode – SELEX – wird nun versucht, viele jener RNA-Moleküle zu isolieren, die chemische Reaktionen katalysieren. Jene, die notwendig waren, um eine RNA-Welt entstehen zu lassen. Damit könnte man dann schon einmal beweisen, dass die RNA-Welt-Theorie chemisch möglich ist.

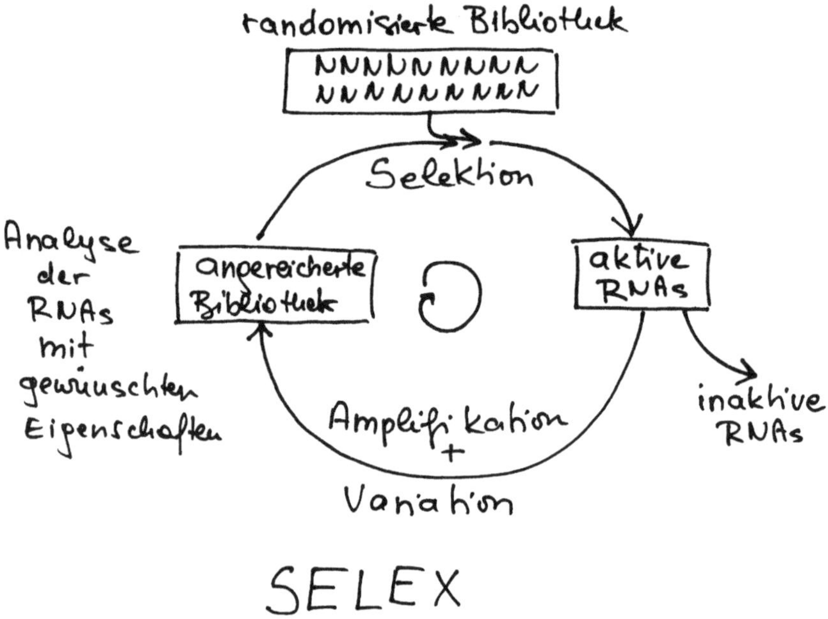

ABBILDUNG 7

SELEX: Evolution im Labor

Um die RNA-Welt-Theorie beweisen zu können, muss erst gezeigt werden, dass RNA-Moleküle alle Reaktionen steuern können, die für den Stoffwechsel der Zelle notwendig sind. Da die meisten dieser Ur-RNAs wahrscheinlich bereits ausgestorben sind, wird versucht, im Labor die Entwicklung solcher RNA-Moleküle nachzustellen. Die Technik dazu heißt SELEX. Dabei werden zuerst ganz komplexe Bibliotheken aus zufälligen Sequenzen (N steht für alle 4 Basen – A, C, G und U) hergestellt, dann werden jene Moleküle herausselektiert, welche die gewünschten Eigenschaften haben. Diese werden dann amplifiziert und wieder selektiert. Bei der Amplifikation können wir weitere Variationen einführen, bis die RNA-Moleküle das können, was der Forscher zeigen wollte. Dieser Zyklus kann beliebig oft wiederholt werden.

Durch SELEX sind unter anderem RNA-Aptamere isoliert worden.

RNA-Aptamere sind kurze RNA-Moleküle, die sich dreidimensional so falten, dass sie eine Bindungstasche für kleine Moleküle bilden. Bindungstaschen sind Einbuchtungen in der dreidimensionalen Struktur, die nicht nur eine passende Form für kleine Moleküle haben, sondern auch noch ganz genaue H-Brücken mit den kleinen Molekülen eingehen können, sodass sie nicht nur genau passen, sondern auch noch festgehalten werden können. Es sind viele RNA-Aptamere, die Metabolite binden, durch SELEX isoliert worden. Das sind synthetische Moleküle, die wir im Reagenzglas entwickelt haben und die es in der Natur nicht gibt. Das war essenziell für die RNA-Welt-Theorie: zu wissen, dass RNA solche Bindungstaschen machen kann. Und zu wissen, wie die RNA das macht, wie sie sich faltet, um ein Aptamer zu bilden. Das ist eine immens wichtige Information für die RNA-Welt-Theorie. Denn wäre die RNA dazu nicht in der Lage, müssten wir uns von der RNA-Welt verabschieden. Denn wenn RNA-Moleküle Metabolite nicht spezifisch erkennen und auch binden könnten, dann könnten sie keinen Stoffwechsel antreiben.

Wir dachten, dass es solche Aptamere in der Natur nicht gibt. Das war – zum Glück – ein Irrtum. Wir hatten sie nur noch nicht gefunden. Bis zum Jahr 2002. Da wurden sie zu Hunderten in den Zellen von Bakterien entdeckt. Uns hatte nur der »Blick« dafür gefehlt, wie und wo wir nach ihnen suchen sollten. Die Aptamere aus Bakterien binden ganz unterschiedliche Metabolite, wie Aminosäuren, Koenzyme oder Basen. Diese dienen als Sensoren in den Zellen, um die Konzentration dieser Metabolite zu messen. So steuern sie deren Herstellung. Uns kam der Gedanke, dass es genau solche Sensoren geben müsste. Wir entwickelten mit SELEX die entsprechenden RNA-Moleküle. Dann wurden sie in der Natur entdeckt.

Viele Fragen konnten wir also schon beantworten, viele kleine Schritte auf dem Weg zum Beweis der Existenz einer RNA-Welt gehen. Und doch gibt es auch Argumente, die dagegen sprechen, viele offene Fragen, die es zu klären gibt, bevor wir die RNA-Welt als Tatsache und nicht mehr als Theorie annehmen können.

Es gibt genug Kritiker, die gegen diese Theorie sind. Oft sogar ganz emotional dagegen auftreten.

Da sind einmal jene Kritiker, die eine Proteinwelt bevorzugen, weil Proteine eben wesentlich bessere Eigenschaften haben für viele katalytische Aktivitäten.

Dann ist da das große Problem mit der Wahrscheinlichkeit. Es mussten mindestens zwei RNAs entstehen, die die Fähigkeit hatten, abzuschreiben und sich zu verdoppeln. Denn eine RNA muss sich entfalten, um abgelesen zu werden, und bei diesem Vorgang verliert sie ihre Aktivität. Die hat sie ja nur im gefalteten Zustand. Wir haben noch keine RNA gefunden, die sich selbst abschreiben kann. Es müsste wenigstens eine RNA mit zwei aktiven Zentren sein, die sich gegenseitig abschreiben.

Mir gefällt die Idee am besten, dass zwei ähnliche RNAs entstanden sind, die sich gegenseitig abschreiben konnten. Da jedoch die Wahrscheinlichkeit, dass das passiert ist, sehr gering ist, müsste es das von mir postulierte Model gegeben haben (wie in Kapitel 6 beschrieben), das als Abdruck gedient hat. Diese Idee wird immer häufiger diskutiert. Dieses Model müsste nicht einmal ein organisches Molekül gewesen sein. Es könnte ein Mineral gewesen sein mit einer aktiven Oberfläche, die als Form und gleichzeitig auch als Katalysator hätte dienen können. Hier ist noch lange nicht das letzte Wort gesprochen.

Dann gibt es die Theorie der Eisen-Schwefel-Welt von Günter → Wächtershäuser, der davon ausgeht, dass die Energie für die Herstellung von organischen Vorstufen der Biomoleküle und für viele Polymerisationen aus der Reduktion von Eisen in Eisen-Schwefel-Mineralien stammen könnte. Diese Theorie steht nicht unbedingt im Widerspruch zu der RNA-Welt. Ich sehe sie als Ergänzung, vor allem, um die notwendigen Verbindungen entstehen zu lassen, die doch in großen Mengen notwendig waren. Die Oberflächen von Mineralien können einerseits die empfindlichen organischen Verbindungen vor Strahlung schützen, und sie können auch verhindern, dass sie sich zu sehr verdünnen. Die Metall-Ionen sind ganz wichtig für biologische Katalysen, auch heute noch.

Keine Theorie darf als der Weisheit letzter Schluss gesehen werden. Eine Theorie ist dann sehr gut, wenn sie viele Experimente zulässt, die dafür oder auch dagegen sprechen. Auch wenn sich eine Theorie nicht halten kann, kann sie sehr wohl wichtige Beiträge liefern, die uns in der Beantwortung unserer relevanten Fragen weiterbringen.

Die RNA-Theorie ist momentan die populärste. Weil sie sehr, sehr viele Beobachtungen erklärt. Und weil sie das Henne-oder-Ei-Problem löst.

Alles kann aber auch die RNA, das Henn-Ei, nicht erklären. Das kommt vielleicht noch.

Sie braucht noch einige Verfeinerungen, die Theorie der RNA-Welt – meiner Lieblingswelt.

KAPITEL 8

Die Macht der RNA

Oder: Das alles macht ein Molekül

Die RNA ist das Molekül des Lebens. Sie ist einzigartig in ihren Eigenschaften, ihrem Aufbau, ihren Funktionen. Diese waren essenziell, um das Leben entstehen zu lassen. Ich möchte mich nun ihren Aufgaben zuwenden, mich dem widmen, was die RNA in unseren Zellen bewirkt. Heute, nicht nur zur Zeit der Entstehung des Lebens.

Eine Warnung sei an dieser Stelle ausgesprochen: Jetzt wird es technisch. Wer davor zurückscheut, kann dieses Kapitel gerne auslassen, die RNA taucht ohnehin immer wieder auf in diesem Buch. Aber es lohnt sich, dieses Kapitel trotzdem zu lesen, denn es birgt Überraschendes. Wie die vielen verschiedenen Aufgaben der RNA in der Zelle: Sie kann zum Beispiel als Thermometer, als Schalter bei Stresserlebnissen, als Sensor von Metaboliten oder als Regulator der Proteinbiosynthese wirken.

Es ist klar, wie wichtig die RNA für die Entstehung des Lebens war. Aber ist die RNA das perfekte Molekül, um in unseren heutigen Zellen immer noch das Gleiche zu bewirken? Oder haben sich im Laufe der Evolution andere chemische Moleküle entwickelt, die diese Aufgaben effizienter durchführen können? In den heutigen, sozusagen modernen Lebewesen? Im Gegensatz zu der Aufgabe, die die RNA in der Urzelle hatte?

Ist die RNA gut genug, um Information auf Dauer zu speichern? Und ist die RNA der perfekte Katalysator?

Die Antwort auf beide Fragen ist schlicht und einfach: Nein.

Die Evolution hat besser geeignete Moleküle hervorgebracht. So ist die DNA viel besser als Langzeitspeicher unseres Bauplans geeignet als die RNA, weil sie stabiler ist. Um etwas jahrelang zu speichern, braucht man haltbarere Moleküle, als es die RNA ist. Die RNA ist sehr instabil. Die RNA ist auch nicht der perfekte Katalysator, weil ihre vier Bausteine wenige Gruppen tragen, die sich in ihrer Funktion unterscheiden. Im Laufe der Evolution haben Proteine sich als die besseren Katalysatoren herausgestellt, weil Proteine aus 20 verschiedenen Bausteinen bestehen, den 20 Aminosäuren. Ihr Repertoire an funktionellen Gruppen ist wesentlich vielfältiger.

Und doch fungiert die RNA heute als Informationsträgerin.

Im Laufe der Evolution haben sich RNA-Bausteine zu DNA-Bausteinen verändert. Der Ribose ist der Sauerstoff abhanden gekommen und damit wurde das Molekül wesentlich resistenter gegenüber chemischen Angriffen, welche die Kette abbauen. Das Uracil wurde zu Thymin modifiziert und damit wurde seine chemische Stabilität gegenüber Mutationen ebenfalls verringert. Es haben sich Enzyme entwickelt, die → Reversen Transkriptasen, die RNA-Ketten abschreiben und daraus DNA-Ketten herstellen. Diese Enzyme, die Reversen Transkriptasen, waren sehr wichtig für die Entstehung unserer Chromosomen. Sie sind heute noch aktiv und wir können verfolgen, wie sie unsere Genome formen. Denn nach dem Abschreiben der RNA zu DNA-Ketten wurden diese im Laufe der Jahrmillionen in die Genome integriert. Wir erkennen, indem wir die Genome verwandter Spezies miteinander vergleichen, welche Veränderungen darin in der Vergangenheit stattgefunden haben. Unsere Geschichte ist also in unserem Genom niedergeschrieben.

Wir müssen nur noch lernen, viele dieser Geschichten zu entziffern und zu verstehen.

Die DNA hat sich also im Laufe der Evolution als das besser geeignete Molekül zum Speichern der genetischen Information durchgesetzt. (Mit ein paar wenigen Ausnahmen: den RNA-Viren – siehe Kapitel 7 –, die zur Speicherung ihrer Information RNA nutzen. Das HI-Virus, Verursacher von AIDS, ist so ein Virus, das während seiner Vermehrung sein RNA-Genom mittels einer Reversen Transkriptase in DNA umschreibt und diese DNA dann in das Genom seines Opfers inseriert, das heißt einschleust. Viele weitere bekannte Viren sind RNA-Viren: Schnupfenviren, Grippeviren oder das Virus der Maul- und Klauenseuche.)

Jedes Gen, auch wenn es heute in DNA-Form gespeichert ist, um es zu vererben, muss aber wieder in RNA umgeschrieben werden, wenn es gebraucht wird. Die meisten unserer Gene sind still. Sie befinden sich im Ruhezustand in unseren Zellen und werden nur eingeschaltet, wenn sie gebraucht werden. Dann wird das Gen aktiviert und das entsprechende Genprodukt hergestellt. Wir nennen diesen Vorgang Genexpression. Darunter verstehen wir die Herstellung der Genprodukte, die zu bestimmten Zwecken und zu bestimmten Zeiten in unseren Zellen benötigt werden, um diese zu bewegen und unseren Stoffwechsel in Gang zu halten. Wenn ein Gen eingeschaltet wird, wird die DNA abgelesen und eine entsprechende RNA-Kopie hergestellt. Diese RNA, welche die Information der DNA zur Herstellung eines Proteins enthält, nennen wir mRNA. Das »m« steht für »messenger«, also Boten-RNA. Die mRNA stellt die aktive Form des Gens dar und transportiert die Information vom

Zellkern zur Maschinerie, welche die Proteine herstellt, die →Ribosomen. Die Ribosomen sind die gängigsten Maschinen in unseren Zellen, die alle Proteine und Enzyme herstellen.

Es gibt also zwei Formen der Information tragenden RNA: die RNA-Viren und die messenger-RNAs.

Und dann sind da noch die nicht-kodierenden RNAs.

Es gibt im Grunde zwei Hauptklassen von RNA-Molekülen: Die »kodierenden« – das sind die gerade vorgestellten mRNAs und die viralen Genome – tragen die genetische Information. Als »nicht-kodierende« RNAs bezeichnen wir alle anderen. Das bedeutet aber nicht, dass diese RNAs keine Information enthalten. Aber sie enthalten eben keine genetisch vererbbare Information. Zugegeben, »nicht-kodierend« ist kein guter Name oder Sammelbegriff für die vielen RNAs dieser Art, die momentan entdeckt werden. Es werden auch ständig Vorschläge gemacht, wie wir sie besser bezeichnen könnten. In den kommenden Jahren wird dieser Name sicherlich verschwinden und wir werden, wenn wir mehr über sie wissen, einen besseren finden.

Jedenfalls tragen diese nicht-kodierenden RNAs oder ncRNAs eben keine Information für die Herstellung von Proteinen, sondern sie sind selbst bereits Endprodukte der Genexpression, also fertige Genprodukte. Während eine kodierende mRNA ja eine Zwischenform zum Genprodukt ist. Wenn die RNA also das fertige Genprodukt ist, dann ist sie »nicht-kodierend«. Weil sie nicht den genetischen Code trägt, um Eiweiß herzustellen. Diese große Gruppe von RNA-Molekülen wurde in den letzten zwei Jahrzehnten entdeckt.

Ich beschreibe nun ein paar Beispiele von verschiedenen, »nicht-kodierenden« RNAs, die ganz unterschiedliche Funktionen haben. Ich will damit einen kleinen Überblick geben, was RNA-Moleküle so alles in unseren Zellen machen.

Wie zum Beispiel die katalytischen RNAs.

Zur Zeit der RNA-Welt soll es ja viele RNAs gegeben haben, die chemische Reaktionen katalysiert haben (siehe Kapitel 7). Doch wie sieht es mit den katalytischen RNAs heute aus? Gibt es sie noch? Die meisten chemischen Reaktionen werden ja mittlerweile von Proteinen katalysiert. Und tatsächlich, es gibt heute noch katalytisch aktive RNAs. Wenn auch nicht sehr viele. Ganz prominent sind hier die →ribosomalen RNAs, welche die Hauptkomponenten der Ribosomen bilden. Diese sind für die Dekodierung des genetischen Codes und für die Verknüpfung der chemischen Bindungen zwischen den Aminosäuren verantwortlich. Mit Sicherheit die wichtigsten Reaktionen in den Zellen. Heute noch sind es RNA-Moleküle, die Proteine herstellen und die den genetischen Code entziffern. RNAs sind verantwortlich für die korrekte Übersetzung des genetischen Codes. Alle diese Funktionen sind fest in RNA-Hand. Das sind die wichtigsten Aufgaben der RNA heute. Und das ist für mich auch der stärkste Hinweis darauf, dass die RNA-Welt-Hypothese stimmen könnte, weil auch heute noch Proteine von RNA-Molekülen hergestellt werden. Und zwar nicht nur chemisch: Auch die Dekodierung des genetischen Codes ist voll durch RNA-Moleküle kontrolliert.

Entdeckt wurde die katalytische Aktivität der RNA Anfang der 1980er Jahre – ein Meilenstein für unser heutiges Weltbild. Sonst sind noch nicht viele weitere katalytisch aktive RNAs entdeckt worden. Man nennt in Anlehnung an die Enzyme, die ja Proteine sind, RNAs, die katalytisch aktiv sind, »Ribozyme«. Es gibt die kleinen Ribozyme aus pflanzlichen Viren, die RNAs des Spliceosoms, ein kleines Ribozym aus einem Hepatitis-Virus und der RNase P. Und alle – mit Ausnahme der großen ribosomalen RNA – katalysieren ähnliche chemische Reaktionen, nämlich Phosphodiestertransfer-Reaktionen.

Es macht mich stutzig, dass wir so wenige katalytisch aktive RNAs kennen. Könnte es sein, dass das Repertoire an katalytischen RNAs wirklich so klein ist, oder haben wir sie einfach noch nicht entdeckt? Oder sind diese im Laufe der Evolution verloren gegangen? Ausgestorben? Diese Frage kann nur die Zeit beantworten. Wir müssen Geduld haben und warten, ob noch weitere entdeckt werden. Es ist schließlich nicht leicht, gezielt danach zu suchen. Weil wir ja nicht wissen, wie diese aussehen könnten.

Was wir wissen, ist, dass die RNA als Thermometer fungieren kann.

Um diese Funktion zu erklären, hilft es, einen Blick zurück auf die Wasserstoffbrückenbindung (oder H-Brücke, siehe Kapitel 5) zu werfen. H-Brücken sind bei tiefen Temperaturen stabiler und gehen bei höheren Temperaturen auf. RNA-Moleküle können sich dreidimensional falten, indem ihre Atome untereinander H-Brücken bilden. Je mehr H-Brücken eine Struktur formen, desto stabiler ist diese Struktur. Das heißt, dass sich unterschiedliche RNAs bei unterschiedlichen Temperaturen entfalten, je nachdem, wie viele H-Brücken diese Struktur zusammenhalten.

Ein sehr anschauliches Beispiel für ein RNA-Thermometer kommt aus dem Reich der Bakterien. →Listerien sind Bakterien, die unsere Zellen befallen und ziemlich gefährlich werden können, weil sie sich innerhalb unserer Zellen vermehren können. Bevor sie uns befallen, leben sie aber außerhalb unseres Körpers, zum Beispiel in bestimmten Käsesorten. Die Temperatur im Käse ist kühl. Wenn das Bakterium vom Käse auf den Menschen übergeht, ändert sich seine Umgebung ziemlich drastisch, unter anderem steigt die Umgebungstemperatur.

Wie weiß das Bakterium, dass es jetzt im Menschen ist und nicht mehr im Käse? Es misst die Umgebungstemperatur. Und zwar mithilfe eben dieser speziellen RNA, die bei kühleren Temperaturen schön fest gefaltet ist, sich aber bei 37 °C, der Körpertemperatur des Menschen, entfaltet. Dabei ändert sich die Funktion der RNA. Ein wichtiges Virulenzgen wird eingeschaltet und ein ganz anderes Programm beginnt abzulaufen. Die Zelle adaptiert sich an eine andere Umgebung und schaltet alle Gene ein, die für das Überleben innerhalb menschlicher Zellen notwendig sind. Die RNA, welche die Temperatur misst, wirkt also als Thermometer. Pascale →Cossart vom Institut Pasteur in Paris hat bahnbrechende Arbeiten zu den Listerien und dieser kleinen Thermometer-RNA gemacht.

Faszinierend! Genau wie die Funktion der RNAs als Sensoren für Metabolite.

Ganz ähnlich wie die Thermometer-RNA arbeitet eine ganze Reihe weiterer RNAs, die nicht auf Temperatur reagieren, sondern auf andere Signale. Sie reagieren auf die Anwesenheit von verschiedenen kleinen Metaboliten. Sie spüren ihre Umgebung, indem sie spezifische Metabolite aufspüren, binden und als Folge dieser Bindung genau wie beim »Thermometer« ihre Faltung ändern. Dabei ändern sie auch ihre Funktion. Und als Folge dieser Umfaltung werden Gene ein- oder ausgeschaltet. Diese kleinen RNAs, welche als Schalter funktionieren und auf die Anwesenheit von Metaboliten reagieren, nennen wir →»Riboswitch«: ein RNA-Schalter, der einen Sensor hat, um die Umgebung zu erspüren und daraufhin die Synthese von diesen Metaboliten zu steuern.

Manche RNAs schalten Gene ein und aus.

Sie heißen »regulatorische RNAs« und spielen eine sehr wichtige Rolle in unseren Zellen, weil sie das Wachstum der Zellen in Schach halten, indem sie die Menge und die Übersetzung der mRNAs in Proteine kontrollieren.

Man kann die regulatorischen RNAs von ihrer Länge her in zwei große Klassen einteilen: die Mikro-RNAs (miRNAs) und die Makro-RNAs. Die Mikro-RNAs sind sehr kurz, meistens 20 bis 35 Basen lang, das ist wirklich sehr, sehr kurz. Die Makro-RNAs sind ganz unterschiedlich lang, von 200 bis 100 000 Basen oder noch länger, sie sind also riesig.

Als Beispiel für eine Makro-RNA werde ich die »Xist-RNA« vorstellen, um einen Einblick zu geben, was diese Moleküle tun und wie sie wirken. Dann werden Sie verstehen, warum mich die RNA-Forschung so begeistert. Viele Fragen sind noch offen, weil dieses Forschungsgebiet sich gerade auf dem Höhepunkt befindet, ja vielleicht diesen noch nicht einmal erreicht hat.

Die Xist-RNA ist eine Makro-RNA. Das »X« steht für das X-Chromosom. Frauen haben zwei X-Chromosomen (XX) und Männer ein X- und ein Y-Chromosom (XY). Daraus ergibt sich ein wirkliches Problem. Denn es würde bedeuten, dass Frauen doppelt so viele Genprodukte vom X-Chromosom herstellen und daher ein Problem mit der Gendosis, eine Überdosis des X-Chromosoms hätten. Oder aber die Männer hätten eine zu geringe »X-Dosis« im Vergleich zu den Frauen. Ähnliches liegt dem »Down-Syndrom« zugrunde. Dieses Syndrom haben jene Menschen, die ein Chromosom 21 zu viel haben; es wird daher auch Trisomie 21 genannt – für drei Kopien des Chromosoms 21. Wir haben ja bis auf die beiden Geschlechtschromosomen zwei Kopien von allen anderen Chromosomen (1 bis 22). Wenn bei der Entstehung der Geschlechtszellen (Eizelle oder Spermien) die Chromosomenaufteilung nicht richtig funktioniert, hat das Kind ein Chromosom zu viel. Das ist meistens tödlich, es kommt gar nicht zur Heranreifung eines Embryos. Weil die Gendosis aus dem Gleichgewicht kommt. Menschen mit Trisomie 21 können wahrscheinlich deswegen ein relativ lebenswertes Leben führen, weil das Chromosom sehr klein ist und nicht sehr viele Gene enthält.

Wie ist es nun mit den Frauen und Männern? Wieso kommt es hier nicht zu diesem Gendosisproblem? Die Lösung ist etwas überraschend: Bei den Frauen wird eines der X-Chromosomen stillgelegt. Besser gesagt: Es werden die meisten Gene von einem der beiden X-Chromosome gar nicht erst eingeschaltet. Von diesen Genen werden keine Genprodukte hergestellt. Außer eben dieser riesigen Xist-RNA. Die Xist-RNA ist mehrere tausend Bausteine lang, also eine wirklich lange RNA – eben eine Makro-RNA. Sie legt sich um fast das ganze X-Chromosom. Und zwar so, dass die DNA ganz dicht verpackt wird und die Information nicht mehr zugänglich ist. Als Folge kann sie auch nicht mehr abgelesen werden. Das weitgehend inaktive X-Chromosom versteckt sich hinter dem bekannten Begriff »Barr-Körperchen«. Man nennt die DNA in diesem Zustand, in dem sie so dicht verpackt ist, Heterochromatin. Im Unterschied zum Euchromatin, welches locker verpackt ist und dessen Gene ein- und ausgeschaltet werden können.

Das also schafft eine Makro-RNA: das Problem der Gendosis in den Griff zu bekommen. Die winzigen Mikro-RNAs sind aber nicht minder faszinierend. Sie steuern etwa die Aktivität unserer Gene. Die Mikro-RNAs bilden die wichtigste Klasse nicht-kodierender regulatorischer RNAs, die in den letzten Jahren entdeckt wurden. Dafür gab es übrigens auch den Nobelpreis für Andrew →Fire und Craig →Mello. Die winzigen RNAs wurden entdeckt, weil man beobachtet hat, dass, wenn doppelsträngige RNAs (sie sind in ihrer Form der Doppelhelix der DNA ähnlich) in die Zellen gelangen, Gene mit der gleichen Sequenz sofort stillgelegt werden.

Ein Beispiel: Eine lange, doppelsträngige RNA gelangt in eine Zelle, die den roten Farbstoff in einer Pflanze kodiert.

Eigentlich würde man erwarten, dass dadurch mehr roter Farbstoff hergestellt wird. Immerhin wäre es logisch: Mehr Gen bedeutet: mehr Genprodukt. Und das wiederum bedeutet: mehr roter Farbstoff. Aber es passiert genau das Gegenteil: Die Blüte wird weiß. Es wird gar kein roter Farbstoff mehr hergestellt. Das kommt natürlich zuerst einmal völlig unerwartet und überraschend. Was passiert hier?

Wenn eine doppelsträngige RNA in die Zellen gelangt, dann bedeutet das »Alarm«! Es könnte ja ein RNA-Virus eingedrungen sein. Viele RNA-Viren bestehen aus doppelsträngiger RNA. Die Zelle reagiert. Sie schneidet diese RNA zu kleinen RNAs, rund 21 Bausteine lang, verbindet diese dann mit einem Protein, das Argonaut heißt. Jetzt kommt das Spannende: Die kleine Mikro-RNA sucht nach Sequenzen in der Zelle, die ihr ähnlich sind, und baut diese dann ab. Diese kleinen Mikro-RNAs werden auch siRNAs genannt (für »small interfering RNAs«). In der Zelle gibt es tausende und abertausende solcher Mikro-RNAs, die nicht von außen kommen, sondern in den Zellen selbst hergestellt werden und auf ganz ähnliche Weise andere Gene herunterregulieren, also verhindern, dass zu viele Genprodukte von einem bestimmten Gen hergestellt werden. So auch von dem Gen, das den roten Farbstoff in der Pflanze herstellt.

Momentan herrscht im Übrigen die Meinung, dass man, wenn man die Summe aller Mikro-RNAs einer Zelle kennt, sagen kann, ob die Zelle gesund ist oder ob ein Ungleichgewicht in ihrem Stoffwechsel vorliegt. Wenn sich herausstellt, dass dem wirklich so ist (diese Ergebnisse müssen noch weiter bestätigt werden), dann bedeutet das, dass man RNA-Moleküle als Diagnoseinstrument einsetzen wird können.

Das ist es, was mich so unglaublich fasziniert:
dass die RNA so vielseitig ist.

In den letzten zehn Jahren ist erst so richtig klar geworden, worin ihre Hauptaufgabe besteht: die Aktivität der Gene zu regulieren. Die Gene sind auf der DNA kodiert, sie werden ein- und ausgeschaltet. Dabei scheint es keine Besonderheit zu sein, die Gene zu aktivieren und in Bewegung zu halten. Was viel schwieriger zu sein scheint, ist, sie stillzuhalten. Die meisten Aufgaben, die RNAs in der Zelle als regulatorische Komponente haben, sind, Dinge herunterzuregulieren, sodass es keine Auswüchse gibt.

Am verständlichsten wird dies, wenn man eine Krebszelle betrachtet. Eine Krebszelle ist eine Zelle, die ihrer Aufgabe nicht mehr gerecht wird. Nämlich das zu sein, wofür sie vorgesehen war. Eine Leberzelle beispielsweise bekommt, so wie alle anderen Zellen, ständig Signale von ihrer Umgebung. Sie weiß, dass sie eine Leberzelle ist und sich zu verhalten hat wie eine Leberzelle: Sie soll nicht übermäßig wachsen, nicht »auswandern«, im Organ bleiben und Stoffe entgiften.

Eine Krebszelle will ausbrechen. Sie erkennt die Signale nicht mehr und beginnt unkontrolliert zu wachsen. Eigentlich ist es eine inhärente Eigenschaft der Lebewesen, dass sie wachsen wollen. Eine Krebszelle wächst also einfach und hört nicht mehr auf die Signale. Sie ist sozusagen eine Revoluzzerin. Sie will aus dem Gefängnis entkommen. An sich ist es ja für eine Zelle nicht gerade toll, eine Leberzelle zu sein und immer nur das zu tun, was von außen verlangt wird, was in ihrem Bauplan steht und nichts anderes. Krebszellen brechen aus. Und das ist natürlich für den ganzen Körper sehr schlecht. Vor allem, wenn die Zelle dann Metastasen bildet, also ausbricht und an einer anderen Stelle im Körper unkontrolliert weiterwuchert.

Es sind die regulatorischen RNAs, die großteils (es gibt auch viele Proteine, die helfen) diese Regulierung, dieses In-Schach-Halten der Aktivität von Genen kontrollieren.

Ist die RNA also das neue Allheilmittel? Funktioniert sie als Therapeutikum?

Ja. Und nein. Es gibt große Hoffnungen und auch schon tolle Erfolge bei der Umsetzung der RNA-Forschung in die Klinik. Erst einmal werden RNAs als Diagnosemittel verwendet. Denn die Summe aller RNAs in der Zelle bilden das sogenannte »Transkriptom«, die Identität der Zelle. »Sag mir, welche RNAs du hast, und ich sage dir, wer du bist.« Wir können aus der RNA vieles ablesen. Feststellen, wo das Problem liegt.

Daran, dass wir die RNA als Heilmittel einsetzen können, wird fieberhaft geforscht.

Mit kleinen Erfolgen. Bei älteren Menschen beispielsweise kommt es öfters zur Erblindung, weil Blutgefäße wuchern und die Retina vertrüben. Diese Krankheit ist auch als »Macula Degenerierung« bekannt. Ein Gen, das dieses Gefäßwachstum antreibt, heißt VEGF (vascular endothelial growth factor). Als Therapie wurde nun angedacht, eine kleine Mikro-RNA gegen dieses Gen herzustellen und diese ins Auge zu applizieren. Als Folge wird der Wachstumsfaktor des VEGF-Gens gehemmt und auch die Erblindung gestoppt, weil die Blutgefäße dann nicht mehr übermäßig wachsen. Diese Therapie ist momentan im Versuchsstadium.

Leider ergeben sich aus der RNA selbst die Probleme bei ihrer Verwendung als Arznei. Erstens, und das ist das schlimmste Problem, ist die Lebensdauer einer RNA extrem kurz. Sie wird ja sofort abgebaut, wenn sie in den Körper gelangt. Daher müssen die Moleküle chemisch modifiziert werden, damit sie länger haltbar sind. Zweitens: Wie kommt die RNA genau dorthin, wo sie wirken soll? Und, drittens, ist die Herstellung der RNA extrem komplex und teuer.

Es wird also vor allem an der Lösung dieser drei Probleme gearbeitet: Wie verpackt man eine RNA am besten und bringt sie an den Ort, wo sie wirken soll? Beim Auge ist das ja leicht, es ist gut zugänglich, man könnte simple Augentropfen herstellen. Wenn aber der Tumor nicht so leicht zu erreichen ist, müssen andere Träger geschaffen werden. Die Chemiker sind außerdem gefordert, Synthesewege zu finden, um sehr große Mengen an RNA zu einem günstigen Preis herzustellen.

Das ist alles nicht einfach. Daher wird es noch ein paar Jahre dauern, bis diese Therapien fertig sind. Aber eines Tages werden wir soweit sein.

Dann sind wir in der Lage, die Macht der RNA zu nutzen.

Ich bin zuversichtlich.

KAPITEL 9

Genetik und Epigenetik

Oder: Erb gut!

Die Augen von der Mama, die Nase vom Papa und die Sturheit von der Oma. Wie Eigenschaften auf die nächste Generation weitergegeben werden, ist bekannt: Sie sind in der DNA gespeichert. Gregor Mendel hat die Vererbung beschrieben, hat den Faktor entdeckt. Oswald Avery hat herausgefunden, dass die DNA dieser Faktor ist, Watson und Crick haben die Struktur der DNA entschlüsselt und erkannt, in welcher Form das Erbgut gespeichert und abgeschrieben wird (siehe Kapitel 3). In all den Jahren gab es da immer dieses Dogma: dass Erlerntes und Erworbenes nicht vererbt wird. Dass die DNA, dass sich unsere Gene, die wir weiter vererben, nicht davon beeindrucken lassen, was uns im Lauf unseres Lebens widerfährt. Sondern sind, wie sie sind.

Stimmt nicht, sagt die →Epigenetik.

»Epi« ist griechisch und heißt »zusätzlich, danach«. Soll heißen: Es gibt etwas, das zusätzlich zu unseren Genen existiert, einen übergeordneten Schaltplan. Etwas, das die starre Lehre der →Genetik mit Leben füllt. Mit unserem Leben. Die Epigenetik ist ein ganz junges Gebiet, das seit zehn Jahren einen Höhenflug erlebt. Seit man entdeckte, dass die DNA in verschiedenen Zuständen weitervererbt wird. Und dass es Information gibt, die sich im Lauf des Lebens ins Gedächtnis der Zellen einprägt. Dass wir nicht nur sind, was unsere Eltern und Großeltern waren, sondern dass wir vielleicht auch sind, *wie* sie waren.

Doch der Reihe nach.

Die Epigenetik fußt auf der Tatsache, dass Gene nicht immer im gleichen Zustand sind, sondern dass sie sehr wohl in verschiedenen Formen vorkommen können. Konkreter: Aufgrund der Tatsache, dass Gene nicht immer gebraucht werden, sind sie mehr oder weniger aktiv. Sie sind ab und zu ausgeschaltet und schweigen. Das passiert durch eine epigenetische Veränderung. Ohne dass sich die DNA-Sequenz ändert.

Wenn sich ein Embryo formt, wenn also Eizelle und Spermium miteinander verschmelzen, entsteht eine omnipotente →Stammzelle, die sich zu einem vollfunktionsfähigen Menschen entwickeln kann. Die Stammzelle verdoppelt sich, vervierfacht sich und so weiter, und alle diese Zellen sind identisch und können sich jeweils noch zu einem vollfunktionsfähigen Menschen entwickeln. Bis auf einmal einige Zellen beginnen, sich zu verändern und andere Aufgaben zu übernehmen. Man nennt diesen Vorgang »Differenzierung«. Diese Spezialisierung geht weiter; die Zellen können dann nicht mehr zurück und können sich nicht mehr zu einem Menschen entwickeln, sondern nur mehr zu dem Organ, das für sie vorgesehen ist. Eine Leberzelle ist eine Leberzelle, eine Hautzelle ist eine Hautzelle, und wenn sich eine Mutterzelle teilt, weiß die Tochterzelle genau, was ihre Mutterzelle war und wie sie gelebt hat. Weil eben nicht nur die DNA selbst vererbt wird, sondern auch der Aktivierungszustand der einzelnen Gene. Wie das geht?

Das macht die Epigenetik.

Es gibt zwei Arten der epigenetischen Veränderung. Eine davon betrifft die DNA selbst. Vor jedem Gen gibt es eine Region, die man Schalter nennt. Dieser Schalter kontrolliert, ob das Gen ein- oder ausgeschaltet ist. Der Schalter besteht auch aus DNA. Dieser Schalter ist die Erkennungsstelle für die Maschinerie, welche die DNA in RNA übersetzt (Transkription genannt). Die DNA an der Schalterstelle kann chemisch verändert werden: Indem auf eine der vier Basen, auf das Cytosin, eine →Methylgruppe (das ist eine CH_3-Gruppe, also ein Kohlenstoff mit drei Wasserstoffen) angehängt wird. →Methylierte DNA. Chemisch veränderte DNA. Epigenetisch veränderte DNA. Dabei ändert sich die Information innerhalb der Kette aber nicht. Die DNA-Sequenz bleibt gleich. Cytosin bleibt Cytosin, oder besser es wird zu 5-methyl-Cytosin, welches immer noch als Cytosin gelesen werden kann. Diese erste Art der Veränderung betrifft also nur die Base Cytosin. Im Normalfall würde eine solche Veränderung bei der Zellteilung, der Verdoppelung der DNA, nicht weitergegeben. Aber erstaunlicherweise wird diese Veränderung doch weitergegeben. Es muss die neu entstandene DNA ebenso methyliert werden. Gleich nach der Verdoppelung der DNA wird die Methylierung auch an den neuen Strang angehängt. Es wird also auch die chemische Modifizierung des Gens weitervererbt.

Es gibt noch eine weitere Form der epigenetischen Veränderung. Sie betrifft die →Histone. Die DNA kommt im Zellkern nicht einfach nackt vor. Sie ist verpackt. Die DNA ist um Proteinkomplexe gewickelt, Histone genannt. Die kleinste Verpackungseinheit heißt →Nukleosom. Die Histone gehören zu den am stärksten konservierten Proteinen, weil sie so wichtig sind. Diese Histone können auch unterschiedlich modifiziert werden – je nachdem, ob die Genregion aktiv oder inaktiv sein soll. Aktive Regionen vom Chromosom nennt man Euchromatin, stillgelegte Regionen sind ganz dicht verpackt und für die Transkriptionsmaschinerie nicht zugänglich. Diese inaktive Form des →Chromatins nennt man Heterochromatin (Abbildung 8). Auf diese Histone werden auch chemische Gruppen angehängt, oft auch Methylierungen, die dann auch bewirken, dass die Region locker und zugänglich bleibt oder eng verpackt wird. Es gibt einen ganzen Histon-Code, der beschreibt, wie die DNA verpackt ist. Aufgrund dieser Methylierungen lässt sich erkennen: Die DNA ist gerade aktiv oder inaktiv. Euchromatin oder Heterochromatin. Auch in diesem Fall gilt: Teilt sich die Zelle, wird diese epigenetische Information mitgegeben. Wenn sich eine Leberzelle teilt, ist ihre Tochterzelle kein Embryo, sondern auch eine Leberzelle. Alle Schaltzustände der Mutterzelle bleiben erhalten. Sie werden mitvererbt.

Eine komplexe Angelegenheit. Die zu einem sehr klaren Aha-Erlebnis führt: Es gibt nicht nur diese eine, unveränderbare DNA. Nein, es gibt Markierungen auf der DNA, Veränderungen, die bei der Zellteilung erhalten bleiben. Der Zustand der Schalter wird vererbt. Diese Schalter ändern sich im Laufe des Lebens und bleiben nach der Zellteilung erhalten. Aber: diese epigenetischen Markierungen können auch leicht wieder gelöscht werden. Sie können passiv (indem die Markierung in der neuen Zelle eben nicht mehr angehängt wird) oder aktiv entfernt werden. Das ist der wesentliche Unterschied zu genetischen Veränderungen, die irreversibel sind und als Mutationen bezeichnet werden. Sie kommen viel seltener vor und bleiben erhalten. Genetische Mutationen sind viel starrer und endgültiger. Bei der Epigenetik werden Modifikationen gesetzt und können entfernt werden, je nach Bedarf. Hier entsteht eine ganz neue Dynamik in der Genetik. Man hat zwar ein bestimmtes

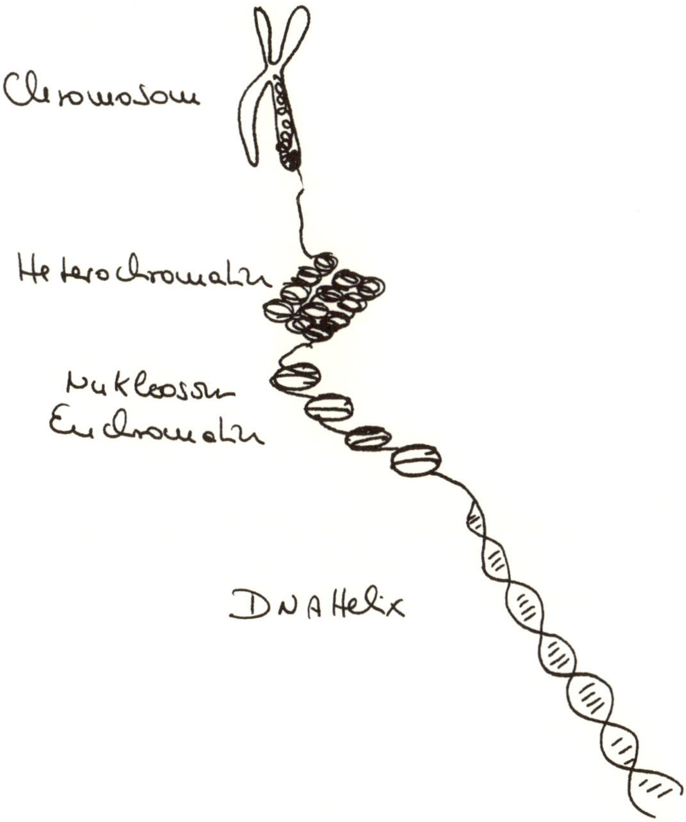

ABBILDUNG 8

Die Verpackung der DNA in Chromatin und Chromosomen

In unseren Zellen wird die DNA um Proteine gewickelt. Diese Kugeln bestehen aus Proteinen, die Histone genannt werden. Um ein Histon-Oktamer wickeln sich ungefähr 150 Basenpaare der DNA und es entsteht das *Nukleosom*. Ist diese Verpackung locker und ablesbar, nennt man es *Euchromatin*. Ist sie eng verpackt und kann nicht mehr abgelesen werden, wird sie *Heterochromatin* genannt. Dieses Heterochromatin ist ganz dicht verpackt, wenn unsere *Chromosome* bei der Zellteilung aufgeteilt werden.

Gen. Das heißt aber noch lange nicht, dass es aktiv sein muss. Eineiige Zwillinge sind epigenetisch sehr ähnlich, wenn sie jung sind; je älter sie werden, desto stärker unterscheiden sich ihre Epigenome.

Das wirklich Spannende aber ist: Wie die Schalter stehen, kann von »außen« beeinflusst werden. Etwas überspitzt formuliert: Die Umwelt kann den Zustand unserer Gene verändern. Je nachdem, was wir erleben, wie wir uns ernähren, wie viel Stress wir ausgesetzt sind, das alles führt zu einer epigenetischen Veränderung unserer Körperzellen. Aber geben wir unsere epigenetischen Erfahrungen auch an unsere Nachkommen weiter? Beeinflussen wir die nächste Generation? Es ist ja ein großer Unterschied zwischen der Teilung von somatischen Körperzellen und der Erzeugung von Keimzellen, die wir unseren Kindern weitergeben. Diese Frage ist noch nicht eindeutig geklärt. Es mehren sich aber die Berichte über Beobachtungen bei Mäusen, Pflanzen und auch beim Menschen, dass dem so sein könnte. Wie das erfolgt, wissen wir noch nicht. Aber es wird fieberhaft daran geforscht. Keine leichte Angelegenheit. Aber eindeutig klar ist, dass wenn Zellen sich vermehren, sie sehr wohl wissen, wie es ihrer Mutterzelle ergangen ist.

Dass die Zellen ein Gedächtnis haben.

Eine holländische Forschungsarbeit zeigte ganz eindrücklich, welche Bedeutung diese Erkenntnis hat. Sie geht zurück auf die schreckliche Hungersnot im Kriegswinter 1944. Die deutschen Besatzer blockierten die Lebensmittellieferungen. Ausgehungerte Frauen brachten hungrige, ausgemergelte Babys zur Welt. Den Geburtsberichten dieser Babys ging die holländische Ärztin Tessa Roseboom nach, indem sie die Daten mit Geburtsberichten besserer Zeiten verglich und indem sie die betroffenen Frauen und ihre Kinder besuchte. Was sie feststellte, war, dass die in der damaligen Hungersnot geborenen und unterversorgten Kinder ein Leben lang stärker zu Krankheiten neigten. Und dass Frauen, die damals untergewichtige Babys waren, später selbst untergewichtige Kinder zur Welt brachten. Deren Kinder, also die Enkel jener Frauen, die 1944 hungerten, neigten auch stärker zu Krankheiten. Obwohl es seit Jahrzehnten wieder genug zu essen gab. Die Folgen des Hungers von 1944 waren also noch heute zu spüren. Sie hatten sich in den Genen festgesetzt. Es zeigte sich, dass sich bei den Betroffenen das Methylierungsmuster der DNA geändert hatte. Obwohl die DNA-Sequenz sich nicht geändert hatte. Ähnliche Beobachtungen hat man bei Mäusen gemacht, die während der Schwangerschaft unterschiedlich ernährt wurden. Das wirkte sich auf die übernächste Generation aus.

Um eine epigenetische Vererbung eindeutig zu beweisen, müssen wir aber mindestens vier Generationen untersuchen. Denn wenn eine Frau schwanger ist (1. Generation), können der Fötus (2. Generation) und die Keimzellen, die sich im Fötus anlegen (3. Generation), direkt betroffen sein. Erst in der nächsten, beim Urenkel, kann man sicher sein, dass die epigenetische Veränderung vererbt und nicht direkt durch äußere Umstände angelegt wurde.

Das alles ist Epigenetik. Auf diesem Gebiet sind noch viele Fragen offen. Aber eines ist klar: Wo und wie wir leben, hat einen bedeutenden Einfluss auf den Zustand unserer Gene, ohne dabei die Gene selbst zu verändern. Nur deren Aktivität passt sich an die Bedingungen an. Wenn Menschen migrieren und sich ihr Lebensraum ebenso wie ihre Lebensgewohnheiten ändern, dann werden sehr unterschiedliche epigenetische Marker gesetzt.

Die Gene werden von den Lebensbedingungen und Lebensgewohnheiten beeinflusst.

Auch bei eineiigen Zwillingen, die an unterschiedlichen Orten in unterschiedlichen Bedingungen lebten, konnte man dieses Phänomen beobachten. Ihre DNA war nach wie vor die gleiche. Doch das Methylierungsmuster war ein anderes. Es ändert sich, es passt sich den Umweltbedingungen an. Genau wie im Fall der in der Hungersnot geborenen Babys. Das Methylierungsmuster ändert sich. Überlegen Sie, wie das in den letzten Jahrhunderten, in denen Menschen sehr aktiv migriert sind und Kontinente und Klimazonen gewechselt haben, sich auf die Epigenetik ausgewirkt haben könnte. Das ist ein noch vollkommen unerforschtes Gebiet. Ein unglaublich spannendes Gebiet.

Wie könnte sich die epigenetische Prägung von einer Generation auf die andere vererben? Mit dieser Frage betreten wir Neuland. Wie das funktioniert ist noch ungeklärt. Es gibt noch nicht einmal ein gutes System, mit dem dieses Phänomen untersucht werden könnte. Dafür ist die Epigenetik als Forschungsgebiet noch viel zu jung. Die Methoden, um dies zu studieren, werden gerade entwickelt und verfeinert, und da für diese Versuche eine sehr große Datenmenge notwendig ist, müssen auch die Bioinformatiker neue Programme entwickeln.

Aber ich bin mir sicher, dass es in den nächsten Jahren möglich sein wird, der Vererbung der epigenetischen Marker auf den Grund zu gehen. Die Informationen für die epigenetische Prägung müssten ja in den Keimzellen angelegt sein. Aber wo? Es wird angenommen, dass im Embryo – in den embryonalen Stammzellen – alle epigenetischen Marker gelöscht werden. In einem Prozess, der Reprogrammierung genannt wird. Vielleicht ist diese Reprogrammierung nicht vollständig und einige Prägungen entkommen ihr und bleiben erhalten? Oder die Information wird in einer anderen Form gespeichert, vielleicht in der RNA? Enthalten Eizelle und Spermium Informationen für die Vererbung epigenetischer Ereignisse? In welchen Molekülen ist dieses Gedächtnis erhalten? In der RNA?

Eine offene Frage.

Geklärt ist, dass die DNA in verschiedenen Körperzellen in verschiedenen Zuständen vorkommt: einerseits verändert durch eine direkte chemische Modifikation der DNA, also eine Methylierung an den sogenannten Schaltern. Oder durch eine Veränderung der Histone, um welche die DNA gewickelt ist. In diesem Fall ist die DNA selbst nicht verändert, sondern nur die Proteine, um die die DNA gewickelt ist.

Je nachdem, was verändert ist, bekommt das Gen ein Signal: Es wird aufgefordert: »Sei hochaktiv!« Oder: »Sei still.«

Diese Ein- oder Ausschaltung führt uns zu einem weiteren wichtigen Aspekt im Bereich der Epigenetik: die Gendosis. Die Information darüber, wie viel von einem Genprodukt erzeugt werden muss. Denn: Warum ist es so wichtig, wie viel von einem Gen im Chromosom vorhanden ist? Warum erkranken Menschen, die von einem Chromosom drei Kopien haben (so, wie es etwa bei der Trisomie 21, dem Down-Syndrom, der Fall ist)? Und warum gibt es kein Gendosis-Problem bei Frauen, die zwei X-Chromosome haben, wo Männer nur eines haben?

Die Lösung dieses Problems ist eine epigenetische: Eines der X-Chromosomen ist bei Frauen ausgeschaltet. Es ist epigenetisch stillgelegt. Das ist eine Möglichkeit, einem Gendosis-Problem entgegenzutreten. Entweder man löst es wie die Fliegen – bei den männlichen Fliegen ist das X-Chromosom doppelt aktiv – oder wie die Menschen – es gibt zwei, von denen eines stillgelegt ist. Und schon stimmt die Gendosis wieder.

Dieser Exkurs in die X-Chromosomen führt uns interessanterweise wieder zur RNA. Denn es sieht so aus, dass bei allen epigenetischen Regulierungen RNA-Moleküle im Spiel sind. Zum Beispiel gibt es da eine RNA, die Xist-RNA, eine Makro-RNA (siehe Kapitel 7). Die Xist-RNA legt sich über eines der X-Chromosomen der Frauen und sorgt dafür, dass epigenetische Marker angelegt werden und fast das gesamte X-Chromosom stillgelegt ist. Und die Gendosis wieder stimmt. Das ist eine typische, epigenetisch kontrollierte Regulation nicht nur von einem bestimmten Gen, sondern von einem ganzen Chromosom.

Und dann gibt es noch ein sehr spannendes epigenetisches Phänomen: Manche Mutationen manifestieren sich anders – je nachdem, ob sie vom Vater oder von der Mutter vererbt worden sind. Heißt das, dass die Zelle weiß, welche Kopie vom Vater und welche von der Mutter kommt? Es sieht ganz danach aus. Manche Gene sind paternal, manche maternal geprägt. Im Englischen sagen wir »imprinted« dazu. Denise →Barlow hat das erste geprägte Gen entdeckt: den insulinähnlichen Wachstumfaktor Rezeptor Igf2r (es ist an dieser Stelle nicht wichtig zu wissen, was dieses Gen macht). Diese Region ist paternal geprägt und die Kopie des Gens, welches vom Vater stammt, ist epigenetisch stillgelegt. Wieder ist eine RNA dafür verantwortlich: die Air-RNA.

Alle diese Beobachtungen lassen uns staunen und sagen uns Folgendes: dass die Regulation der Genexpression auf sehr vielen Ebenen kontrolliert wird und dass wir noch viele Überraschungen erleben werden, bis wir ein vollständiges Bild haben. Wichtig für mein Weltbild ist aber das Wissen: dass die Umwelt und unsere Lebens- und Ernährungsbedingungen einen starken Einfluss auf unsere Gene haben.

Die Gene sind beeinflussbar.

Die Aktivität von vielen Genen hängt davon ab, wie ein Mensch lebt. Wie er sich ernährt, wie er sich bewegt. Das alles verändert seinen Stoffwechsel. Es verursacht jene epigenetischen Prägungen, die Markierungen, die Schaltermethylierungen. Es verändert das Gedächtnis der Gene, das vielleicht – ziemlich wahrscheinlich – auf die nächste Generation weitervererbt wird. Das bedeutet: Es werden nicht nur die Gene weitergegeben, sondern auch der Zustand, in dem sie sich befinden. Die Tochterzelle weiß noch, in welchem Zustand sich die Mutterzelle befand. Sie weiß, in welchen Bereichen die Mutterzelle sehr aktiv oder inaktiv war. Sie weiß um die Stellung der Schalter.

Diese Regulation ist auch im Gender-Aspekt sehr interessant. Meine Überlegung dazu ist die Folgende: Mädchen wurden über Jahrtausende schlechter ernährt als Buben. Meine Generation dürfte die erste sein, in der Mädchen und Buben gleich viel zu essen bekommen haben. All die Zeit davor war die Reihenfolge bei der Essensausgabe streng hierarchisch: erst der Vater, dann die Söhne. Dann die Mädchen. Und ganz zum Schluss: die Mutter. Mädchen und Frauen waren einfach schlechter ernährt, sie haben außerdem weniger Sport betrieben, waren weniger gebildet, es wurde ihnen weniger beigebracht. Es gibt also einen sehr stark gesellschaftlich begründeten Unterschied zwischen Männern und Frauen. Und dieser Unterschied hat sich sicher epigenetisch im →Phänotyp niedergeschlagen.

Es gibt Gene, die geschlechtsunterschiedlich genetisch geschaltet sind.

Wird die Tatsache, dass in der westlichen Welt Mädchen gut ernährt werden und auch viel Sport machen, deren epigenetische Prägung wieder ändern? Werden dadurch Frauen und Männer wieder epigenetisch ähnlicher? Denn die epigenetische Veränderung ist reversibel, also rückgängig zu machen. Wenn die Schalterstellung über Generationen hinweg nicht benötigt wird, kann sich der Zustand ändern und sich die epigenetische Veränderung wieder zurückbilden.

Ich finde es zum Beispiel sehr spannend zu beobachten, wie stark sich Mädchen in den letzten Jahrzehnten in ihrer Körper- und Schuhgröße verändert haben. Wirkt sich hier das Ernährungshoch aus, in dem wir uns seit den 1950er Jahren befinden? Sind Frauen von ihrer Genetik her vielleicht gleich groß wie Männer, doch die epigenetische Prägung, bedingt durch schlechte Lebensumstände, durch weniger Sport, weniger Essen, andere Aufgaben, hat sie kleiner werden lassen? Und wenn ja, wie viele Generationen wird es dauern, bis es sich manifestiert hat? Wird das überhaupt stattfinden? Klar gibt es biologische Unterschiede. Aber wie viele der Unterschiede, die im Phänotyp sind, sind eigentlich gesellschaftlich epigenetisch geprägt?

Dies sind die offenen Fragen. Doch wir müssen aufpassen: Wir werden allzu schnell von Wunschvorstellungen gelenkt. Wir glauben allzu schnell, den Schlüssel zu allen verschlossenen Türen in der Hand zu haben. Es gibt Unterschiede, die biologisch sind. Auch wenn vieles eigentlich gesellschaftlich epigenetisch über Jahrhunderte geprägt wurde: Nicht jeder Unterschied im Phänotyp zwischen Mann und Frau ist Epigenetik. Wir müssen eine klare Grenze ziehen zwischen dem, was wissenschaftlich erwiesen ist, und dem, was als Erklärung gerade in Mode ist. Als ich in den 1970er Jahren studiert habe, war es absolut unmodern, zu sagen: »Intelligenz oder Verhaltensweise ist genetisch veranlagt.« Damals hieß es: Die Erziehung in den ersten sechs Lebensjahren legt alles fest. In dieser Zeit erwirbt das Kind all seine Eigenschaften. Die eine Richtung. Ein Jahrzehnt später kam der absolute Schwenk: Alles liegt in den Genen. Die entgegengesetzte Richtung.

Heute pendeln sich diese beiden Pole langsam ein.

Sie pendeln sich ein, weil wir Erkenntnisse gewonnen haben, weil wir einiges dazulernen. Wir erkennen, dass erworbene Eigenschaften sich sehr wohl auf die Gene niederschlagen und vererbbar werden. Dass es ein genetisches Gedächtnis gibt. Dass das Verhalten in der Umwelt, vor allem Essens- und Lebensgewohnheiten, sich auf unser Genmaterial auswirkt. Wenn dem so ist, gibt es eine sehr wichtige Folge: Dass es sich doch lohnt, in unsere Bildung, in unsere Gesundheit zu investieren. Damit sich die richtigen Umweltfaktoren auf unsere Gene niederschlagen.

Wir erkennen die Größenordnung der Verantwortung, die daraus erwächst. Die wir als Eltern oder Großeltern haben, uns gegenüber, unseren Genen gegenüber, die die nächsten Generationen beeinflussen, nicht nur uns selbst. Dass die Dinge nicht von außen – und schon gar nicht von oben – gesteuert werden, sondern dass sie aus uns selbst passieren. Dass wir als Teil der Umwelt für sie verantwortlich sind.

Wir erkennen, dass wir nichts für unsere Gene können.
Doch sehr wohl für den Zustand, in dem wir sie weitergeben.

KAPITEL 10

Bioethik

Oder: Angewandtes Mensch-Sein

Was macht den Mensch zum Menschen? Nicht die Naturgesetze, denn die sind brutal und ungerecht. Sondern deren Überwindung. Das ist Ethik. Sie geht einen Schritt weiter – auch wenn sich die Fragen der Ethik aus den Beobachtungen der Naturwissenschaft ableiten.

Für mein Weltbild ist Ethik wichtig. Denn mein Weltbild basiert auf Wissen. Ich lehne die Schöpfungsgeschichte ab. Und ich propagiere die Kreativität. In der gleichen Sekunde muss ich wie jeder, der nicht gläubig ist, die Verantwortung für meine Taten übernehmen. Ich bin dazu gezwungen, vorauszudenken, zu antizipieren, welche Konsequenzen das eigene Handeln hat. Denn Ethik ist nicht unbedingt ein Teil der Philosophie, sondern ist eines ihrer Anwendungsgebiete. Ethik hat zum Ziel, dem Menschen zu helfen, verantwortungsvoll zu entscheiden. Deshalb ist Ethik für mich so wichtig. Deshalb ist sie für jeden wichtig, der sich darauf einlässt, sein Weltbild auf Wissen aufzubauen. Denn Ethik ist die Grundlage dafür. Weil der Mensch sich bewusst wird, dass er für das, was er tut, die Verantwortung trägt. Und weil er an die Konsequenzen denken muss.

Was bedeutet das?

Es bedeutet, dass sich uns die Frage aufdrängt, ob ich, ob wir alle, die wir eine Wissensgesellschaft wollen, alle Geheimnisse aufdecken sollen. Oder ob es Grenzen gibt, Orte, an die man nicht hindenken darf. Nach meinem Standpunkt – dem jetzigen, der sich, wer weiß, vielleicht noch ändern wird – sage ich: Wenn man Verantwortung für seine Taten trägt, ist es auch selbstverständlich, dass man sich an jede Frage herantrauen darf. Dass es keine Fragen gibt, die tabu sind. Nicht, wenn wir mit Verantwortung an ihre Beantwortung gehen. Dann können wir unser Wissen in jede Richtung erweitern.

Es besteht nur ein einziges Problem: dass andere Menschen, die nicht so hohe ethische Standards haben, das Wissen missbrauchen können, sodass wir irgendwann sagen müssen: Es wäre besser gewesen, diese Entdeckung nie gemacht zu haben, diese Antwort nie bekommen zu haben. Die Atombombe. Waffen, die auf Gentechnik basieren. Waffen im Allgemeinen. Auch Gott ist so eine Waffe. Eine Waffe, die Menschen dazu bringt, andere umzubringen. Dinge zu tun, für die sie die Verantwortung nicht tragen müssen, weil die Religion als ethische Instanz dazwischen steht.

Für mich ist Religion das Gegenteil dessen, wofür sie oft verkauft wird: für eine ethische Instanz. Viel mehr ist das, was Religionen machen, ethisch absolut nicht vertretbar. Es ist nicht vertretbar, Menschen anzulügen, zu täuschen, sie mit dem Jenseits zu erpressen, ihre Sexualität zu tabuisieren. Das ist absolut verwerflich.

Insofern kann ich sagen: Meine Einstellung zur Ethik hat sich meinem Weltbild angepasst. Das auf Wissen aufbaut, nicht auf Glauben.

Und: ich bin voll und ganz auf Kants Linie, der sagt, dass der Mensch nicht zur Verfügung steht. Dass er nicht für einen gesellschaftlichen Zweck geopfert werden darf. Dass der Mensch als Lebewesen, als Individuum höher zu bewerten ist als das Wohl der ganzen Gesellschaft. Das ist unser ethischer Standard. Der natürlich nicht für alle Gesellschaften gilt, denn es gibt sie tatsächlich, die Menschen, die sich für das Wohl der Gemeinschaft opfern, die durch und durch altruistisch sind. Doch gibt es diesen Altruismus wirklich? Ist er eine Entscheidung, die das Individuum selbst trifft? Oder ist er irgendwo tief in uns drin verankert, dieser Drang, uns für das Wohl unseres Landes oder unserer Familie (Gene) zu opfern?

Bakterien tun dies. Es gibt tatsächlich welche, die sich für das Wohl der Bakterienkolonie umbringen. In dem Moment, in dem die Kolonie deswegen überlebt, ist der Altruismus natürlich eine Eigenschaft, die sich evolutionär durchsetzt. Denn eine Kolonie, genau wie eine Gesellschaft, in der freiwillig geopfert oder geschlachtet wird, hat eine höhere Überlebenschance. Doch hier sehe ich den Unterschied zwischen Mensch und Nicht-Mensch. Wir Menschen setzen diesen ethischen Standard. Wir bestimmen, dass jeder Mensch über dem Wohl der Gesellschaft steht. Und dass wir ihn nicht opfern können zum Wohl der Gemeinschaft.

In den letzten Jahrzehnten gab es Entwicklungen, die diese gesetzten ethischen Standards schwer strapaziert haben. Diese Entwicklungen betreffen die Reproduktionsmedizin. Hier geht es um die Trennung von Reproduktion und Sexualität. Ich werde noch darauf zurückkommen. Vergessen Sie nicht: Für das Ergebnis der Evolution zählt nur die Reproduktion.

Es war zum ersten Mal möglich, eine Eizelle mit einem Spermium außerhalb des Körpers der Frau zu befruchten. Das ist natürlich ein Meilenstein, der alles verändert hat.

Früher fand die Befruchtung, die Entstehung eines neuen Lebewesens, immer im Schutz des Frauenkörpers statt. In dem Moment, in dem es die In-Vitro-Fertilisation – die Befruchtung im Reagenzglas – gibt, ist dieser Schritt aus dem Körper hinausgetreten und damit zugänglich geworden für alle möglichen Manipulationen.

Hier beginnt die Bioethik.

Sie spielt in meinem Weltbild eine wichtige Rolle – nicht zuletzt, weil ich fünf Jahre Teil der →Bioethikkommission des österreichischen Bundeskanzleramtes war. Wir waren 19 Mitglieder, bunt gemischt, was unsere Ansichten und Zugänge zum Thema Bioethik betrifft. Wir waren nur drei Frauen, obwohl die Reproduktionsethik ja vor allem die Frauen betrifft, die nach wie vor die Gebärenden, also die Betroffenen sind. Es war eine spannende Zeit für mich, denn ich habe dabei sehr unterschiedliche Denkmuster entdeckt. Wir mussten uns zu einem koordinierten Handeln zusammenfinden. Lernen, andere Meinungen in gemeinsame Lösungen einzubauen. Wirklich ein sehr spannender Prozess, der jedem gut tut.

Ich bin überrascht, wie wenig Interesse an dem Thema künstliche Befruchtung herrscht. Denn es gibt so viele In-Vitro-Fertilisationen, so viele Frauen möchten gerne schwanger werden. Es gibt auch sehr viel Wissen über künstliche Befruchtung, wenn es darum geht, schwanger zu werden. Auch ist viel Interesse da, wenn es, aus verschiedensten Gründen, darum geht, Schwangerschaften abzubrechen. Aber für die ethischen Fragen, die dem zugrunde liegen, gibt es erschreckend wenig Interesse. Dabei bräuchte es genau hier Hilfe, bräuchte es Handlungsanleitungen. Hier ist die Bioethik wirklich gefordert.

Das Spannende ist, dass sich unsere ethischen und moralischen Standards ständig ändern. Sie evolvieren genauso wie alles andere. Sie entwickeln sich natürlich auch mit unserem Wissensstand. Natürlich ist es schwierig, sich für oder gegen etwas zu entscheiden, von dem man nichts versteht. Hier habe ich für mich – nach fünf Jahren als Mitglied der Bioethikkommission – festgestellt, das mein ethischer Standard der folgende ist:

Ich würde nie einem Menschen vorschreiben, wie er zu handeln hat. Denn jeder Mensch muss für sich selbst entscheiden, wie er mit der Frage der Reproduktion umgehen möchte. Will ich Kinder? Wenn ja, wie viele? Wie? Jeder muss das für sich selbst ausmachen.

Aber er darf bei der Entscheidungsfindung nicht alleine gelassen werden.

Denn er kennt oft nicht alle Optionen, für die er sich entscheiden kann. Er ist vollkommen überfordert, er muss darüber aufgeklärt werden, welche Möglichkeiten er hat. Und welche Konsequenz, welche Folgen jede einzelne nach sich zieht.

Auch in der Bioethikkommission haben wir bei jeder Entscheidung die Konsequenzen analysiert. Wenn wir uns für Option A entscheiden – welche Folgen ergeben sich daraus? Und wie kann ich einen eventuellen Nachteil wieder kompensieren? In der Kommission wurde nicht anonym abgestimmt. Das finde ich ohnehin ethisch nicht vertretbar. Denn Menschen, die die Aufgabe in einer Gesellschaft bekommen haben, schwierige Fragen zu debattieren und dann eine Entscheidung zu fällen, müssen offen dazu stehen. Sie müssen sagen: »Ich entscheide mich aus diesem Grund dafür.« Wenn erklärt wird, warum der Schluss gefallen ist, wird das akzeptiert werden können.

Das ist auch wichtig, denn es geht ja meistens ums »Eingemachte« in der Bioethik. Es geht darum, ob Kinder zur Welt kommen oder nicht. Ob behinderte Kinder auf die Welt kommen oder ob sie abgetrieben werden. Es geht um

Fragen wie diese: Soll es in der In-Vitro-Fertilisation eine Präimplantationsdiagnose geben? Sollen die Embryonen, solange sie noch im Reagenzglas schwimmen, genetisch selektiert werden, noch bevor sie implantiert werden?

Eine sehr schwierige Frage. Auf die ich antworte: Ja, man darf.

Das momentane Gesetz in Österreich besagt, dass eine Pränataldiagnose (also eine Diagnose schon während einer fortgeschrittenen Schwangerschaft) erlaubt ist und die Frau abtreiben darf, sollte sich eine schwere Krankheit beim Embryo nachweisen lassen oder das Leben der Frau in Gefahr sein. Nicht erlaubt ist aber, den Embryo vor der Einpflanzung in den Uterus zu untersuchen. Das heißt, dass der Embryo implantiert werden muss, die Frau schwanger werden muss und sie erst dann Zugang zur genetischen Analyse hat. Wo ist hier die Logik? Gesetze sind oft wirklich schwer nachzuvollziehen. Das bedeutet auch, dass das Leid der Frau überhaupt nicht gewertet wird, dass man sie mehrere Monate lang im Unklaren lässt und dann untersucht, ob das Kind gesund ist oder nicht. Für die katholische Kirche wäre es übrigens selbstverständlich, das Kind auf jeden Fall austragen zu lassen, selbst, wenn nachgewiesen hätte werden können, dass es keine Überlebenschance hat. Ich finde, dass darf keiner Frau zugemutet werden. Man kann daran erkennen, wie unwichtig das Leid der Frauen für die Kirche ist, wie niedrig ihr Stellenwert.

In der Bioethikkommission werden solche Fragen diskutiert. Man kann an diesen Beispielen erkennen, wie wichtig es ist, alle Konsequenzen durchzudenken, eine Entscheidung zu treffen und dahinter zu stehen. Hat man nicht die Courage, seinen Standpunkt zu verteidigen, sollte man sich nicht in eine solche Kommission berufen lassen. Denn man muss bereit sein, diese Last, die Konsequenz einer Entscheidung zu tragen.

Natürlich kommen Fragen auf, bei denen ich nicht weiter weiß. Gerade in der Präimplantationsdiagnostik. Ein Paar möchte ein Kind, beide haben eine Behinderung, die sie verständlicherweise nicht weitervererben wollen. Um das zu verhindern, wollen sie eine In-Vitro-Fertilisation, bei der die »kranken« Embryos nicht implantiert werden. In einigen Ländern ist das erlaubt, in Österreich nicht. Aber die Frage ist: Welche Kriterien, welche Krankheiten, welche Merkmale darf ich bei den Embryos untersuchen? Gegen welche Merkmale darf ich vorgehen? Werden sich dann Menschen mit diesen Merkmalen diskriminiert fühlen? Sicherlich! Was ist lebenswertes Leben? Das ist sicherlich sehr individuell zu entscheiden. Darf man sich überhaupt gegen ein Kind mit Down-Syndrom entscheiden, das ein glückliches, erfülltes Leben haben kann? Wo ist die Grenze? Alle sind sich einig, wenn es um die Frage der Lebensfähigkeit oder um extreme Behinderungen geht. Aber darf man sich ein blauäugiges Kind aussuchen, das gut malen kann? Denn es ist nur eine Frage der Zeit, bis wir alle Merkmale genetisch genau bestimmen können.

Bis wir Skifahrer und Mathematik-Asse züchten können.

Oder spielt uns die Epigenetik hier ein Schnippchen? Wie weit wird es von der Epigenetik abhängen, welche Merkmale sich bei den Menschen entwickeln werden? Und wie weit wir in diese Merkmalentwicklung eingreifen werden können?

In der Bioethik geht es meistens darum: Leid zu verhindern. Gesunde Kinder zur Welt zu bringen. Und zu entscheiden, wie man mit Behinderungen umgeht.

Ich habe spannende Dinge erlebt. Und nie war mir bewusster, wie subjektiv die Erfahrung von Leid ist. Wie subjektiv die Haltung zur Gesundheit ist.

Denn da war diese Frau, die ein behindertes Kind hatte. Sie sagte: »Dieses Kind ist das Glück meines Lebens.« Allein der Gedanke, sie hätte es abgetrieben, war für sie unerträglich. Durch ihr Kind erlebte sie, wie ihre Familie, ihre Nachbarn zu ihr gehalten haben. Sie spürte die Stärke der Gemeinschaft, die sie umgab. Ihr Kind war also alles andere als ein »Problemkind«, sondern das genaue Gegenteil davon: Es bewirkte so viel Positives.

Und da war diese andere Frau, die am gleichen Tisch saß; sie hatte drei Kinder. Das Älteste hatte eine Behinderung. Sie sagte mir, dass sie jeder Frau empfehlen würde, niemals ein behindertes Kind zur Welt zu bringen, wenn es sich vermeiden ließe. Sie sagte: »Dieses Kind hat mein Leben zerstört.« Die jüngeren Geschwister hatten mit ihm zu kämpfen. Ihre Ehe zerbrach. Sie hat das Kind dann in Pflege gegeben, weil sie es irgendwann nicht nur seelisch, sondern auch körperlich nicht mehr aushalten konnte. Sie empfand sich als Versagerin.

Diese beiden Frauen saßen an einem Tisch. Das war ganz am Anfang meiner Tätigkeit in der Bioethikkommission. Für mich war das ein Aha-Erlebnis: Jedes Individuum befindet sich in seiner eigenen, ganz individuellen Situation.

Was ist Behinderung? Ist das Kind liebenswert, ist sein Leben lebenswert? In welcher Situation befindet sich die Mutter, der Vater, die Familie? In welchem religiösen Kontext leben sie? Welche Wertigkeit hat Leben in diesem Kontext?

Entscheidet sich eine Mutter für ihr behindertes Kind, besteht die Gefahr, dass ihr Umfeld ihr den Vorwurf macht, die Gesellschaft zu belasten. Die Gesellschaft muss also die individuelle Entscheidung respektieren. Denn in dem Moment, in dem das Individuum über die Gesellschaft gestellt wird, muss sie das tun.

Eigentlich ist das auch gar nicht der Punkt, ob die Gesellschaft das behinderte Kind trägt oder der Staat sich darum kümmert. Viel wichtiger ist, wie wir Menschen miteinander umgehen. Dass wir uns von dem Gedanken lösen, dass jedes Kind perfekt und schön sein muss, dass es diese und jene Eigenschaften haben muss. Und dass sich die Mutter dafür schämen muss, wenn es dem nicht entspricht, wenn es nicht perfekt ist. Denn was jedes Kind braucht, mehr als alles andere, ist, von den Eltern akzeptiert und geliebt zu werden. Ich denke, jedes Lebewesen hat etwas Einzigartiges, etwas Spezielles, in dem es sich entfalten kann, in dem es super ist. Jeder kann irgendetwas.

Deshalb würde ich nie zu einer Frau sagen: »So musst du handeln.« Wir müssen alle Optionen aufzeigen, Informationen geben, wir müssen die Konsequenzen bedenken. Weil jede Situation einzigartig ist.

Das ist ja auch das Schöne daran: die Variabilität. Dass es alles gibt. Behinderte, nicht behinderte, schöne, nicht schöne Menschen. Und zwischen diesen Eigenschaften gibt es keine scharfen Grenzen.

Ich habe Angst vor dem Perfektionismus, dem Schönheitswahn, der keine Fehler zulässt.

Denn es wird nicht irgendwann alles schön sein. Sondern es wird alles gleich sein.

Wenn wir unsere Sichtweise ein bisschen lockern, werden wir feststellen, dass es viele Möglichkeiten gibt. Dass es viele andere Wege gibt, die eigentlich auch super sind. Dass hinter der Angst vor einer Entscheidung oft nur das Sich-Versteifen auf eine fixe Vorstellung steckt. Und wenn man die Angst überlistet, indem man sich fragt: Was ist eigentlich die Folge? Was passiert wirklich, wenn meine größte Angst eintrifft? Dann kommt man meistens darauf: »Damit kann ich umgehen.«

Dann stellt man fest, dass es sehr wenige Probleme gibt, die wirklich unlösbar sind.

KAPITEL 11

Gender

Oder: Die Mitglieder der »Three-Inch-Society«

»Verlängern Sie Ihren Penis um drei Inches!« Ich habe mich sehr geärgert über diese Spam-E-Mails in meinem Posteingang. Als würde sich die Welt ändern, als würde alles so viel besser werden, wenn nur der Penis länger wäre. Allein, dass Männer zu glauben scheinen, die Länge ihres Penis sei wichtig! Wenn die jungen Burschen nach dem Sport in der Dusche stehen und schauen, wie lang ist der und wie lang ist meiner. Das ist so entwürdigend.

Die Männer müssen befreit werden. Denn es kommt wirklich nicht auf die Penislänge an.

Doch wir sind geradezu süchtig danach, alles in Länge, Breite, Höhe auszudrücken. Alles mit Zahlen zu belegen. Gerade in der Wissenschaft beobachte ich das: Es gibt wissenschaftliche Zeitschriften, die einen Impact-Faktor haben. An ihm wird die Bedeutung der Zeitschrift gemessen, denn er gibt an, wie oft daraus von anderen zitiert wird. Impact, Impact, Impact. Sie alle, seien es Förderagenturen, die EU, Regierungen, wollen Qualität, Exzellenz. Und sie glauben, die könnten sie in Zahlen ausdrücken. So wie es auch für die LOM – Leistungsorientierte Mittelvergabe – verlangt wird. Der Wissenschaftler muss angeben, wie viele Impact-Punkte er in Publikationen gesammelt hat, um an Fördermittel für seine Arbeit zu gelangen. Je höher die Zahl, desto besser. Aber man kann doch Exzellenz und Qualität nicht in Quantität, in Zahlen ausdrücken! Das ist ein Irrtum, der mich schwer irritiert.

Ich möchte nicht alles in männlich und weiblich einteilen. Doch ich denke, das ist ein eindeutig männliches Element: diese im wahrsten Sinne größen-wahnsinnige Mentalität, das Streben nach der höchsten Zahl, nach dem größten Impact, nach den nächsten drei Inches.

Weil ein längerer Penis ein besserer Penis ist?

Das ist schon so langweilig, so plump und einfallslos. Kirchtürme, Wolkenkratzer, überall diese Phallussymbole.

Dabei spiegelt diese Sichtweise überhaupt nicht die Realität wider, denn die ist viel spannender. Wenn ich nach New York fahre, sehe ich mich an den Wolkenkratzern satt? Oder beobachte ich die Millionen zwei- oder dreistöckigen Häuser, in denen sich das echte Leben abspielt und aus dem alles Neue entsteht? Ich gehe wandern, komme auf eine Wiese, auf der ein Baum steht. Schaue ich mir an, wie hoch der Baum ist? Oder interessiert mich viel mehr, was sich in der Wiese abspielt? Das, finde ich, ist das weibliche Element.

Auf dieser Basis propagiere ich das Thema Gender:
auf Basis der Diversität.
Diversität ist Reichtum. Und: Diversität ist weiblich.

Alles, was gleichförmig ist, wie in einer Diktatur, unter der eine Bevölkerung möglichst uniform ist, ist zwar leichter zu handhaben, leichter zu regieren. Aber eine reiche Gesellschaft ist jene, die sehr tolerant ist, die Diversität fördert, in der sehr viele unterschiedliche Lebenswege möglich sind und in der Leute nicht in Gewinner und Verlierer eingeteilt werden. Die Gewinner sind die, die den linearen Weg schaffen. Die anderen haben es schwer. Die, die ihn vielleicht gar nicht wollen, weil sie erkennen, dass es für sie nicht das Richtige ist. Anerkennung genießen die, die sich anpassen, sich linear verhalten. Alle Menschen streben nach Anerkennung. Aber ist ein Leben nicht wesentlich spannender und lebenswerter, das abwechslungsreich ist, mit Höhen und Tiefen, mit Phasen der Anstrengung und der Entspannung? Was aber, wenn in mir etwas steckt, das nicht gerade hoch im Kurs steht? Dann fühle ich mich minderwertig. Das finde ich so daneben! Weil gerade in der Vielfalt, in der Vielseitigkeit die Stärke einer Gesellschaft liegt.

Es ist dieses männliche Element, das der »Three-Inch-Society« entstammt: Was ist das höchste Gebäude, der höchste Berg, der längste Fluss der Welt? Wir lernen schon als Kind, dass etwas toll ist, weil es besonders hoch ist. Das ist lineares Denken.

Linearität ist männlich.

Ich habe beobachtet, dass männliche Karrieren viel linearer verlaufen als die Karrieren von Frauen. Das Lineare macht es natürlich einfacher für den Mathematiker und den Statistiker, Leistung auf dem Papier darzustellen. Wer linear ist, ist strebsam. Ich habe einmal in Salzburg eine Diskussion geführt mit 35 Frauen, die in fortgeschrittenem Alter immer noch in der Wissenschaft tätig waren, es sozusagen geschafft hatten. Es hatte keine einzige einen linearen Karriereverlauf.

Auch meine Karriere war alles andere als linear.

Ich habe gekämpft, mich oft geärgert. Ich bin lange hin- und hergeirrt, habe nicht ins Bild gepasst und war ein Störelement. Weil ich eine Frau bin. Aber auch, weil es ein Generationenproblem gab. Die alte Professorengarde war noch sehr konservativ. Am Beginn meiner Karriere war ich umgeben von Männern, die mit Frauen als Kolleginnen nicht umgehen konnten. Nicht auf Augenhöhe. Die konnten auf Frauen herabsehen, auf die Ehefrau, Sekretärin oder Tochter, aber nicht mit einer anderen Frau als gleichwertiger Partnerin umgehen. Es sind genau die Männer, die diese Höflichkeitshaltung der Dame gegenüber einnehmen. Das ist zwar ganz nett. Aber unpassend in der Berufswelt, wenn man gemeinsam an einem Projekt arbeitet, als ebenbürtige Kollegen. Da stört es. Diese alte Garde wusste damit nicht umzugehen. Die jetzige Generation ist zum Glück nicht mehr so.

Meine Professur hab ich erst mit 54 bekommen. Das ist sicher spät – im Sinne der Linearität. Aber für mich ist es irrelevant. Es hat lange gedauert. Ist es deswegen schlecht? Mein Leben ist eben so verlaufen. Und für mich hat das vollkommen gepasst. Ich möchte keines der Ereignisse missen, die mich vom linearen Weg abgebracht haben.

Wie meine beiden Söhne. Ich habe ein fünfjähriges Publikationsloch rund um die Geburten meiner Kinder. Das hat mir fast das wissenschaftliche Genick gebrochen. Weil dann natürlich der Impact fehlt. Wer fünf Jahre nicht publiziert hat, ist im Prinzip weg vom Fenster. In Österreich besteht für Frauen die Gefahr, dass sie in Karenz gehen und dann sowieso draußen sind. Weil dann der Karriereweg unterbrochen ist.

Bei mir hat das aber auf keinen Fall den Wunsch gebrochen, meinen Weg weiterzugehen. Nicht Schuss in eine Richtung wie in der Abfahrt, sondern locker wedelnd möglichst unterschiedliche Dinge machend wie beim Slalom. Aber eben nicht auf Zeit. Ohne Eile. Den Dingen die Zeit geben, die sie zum Reifen brauchen. Deswegen habe ich mir auch immer die Freiheit gegönnt, Dinge zu tun, für die keine Impact-Punkte vergeben werden. Ich habe es als wichtig erachtet, mit Nicht-Wissenschaftlern über meine Arbeit und mein Fach zu diskutieren, Öffentlichkeitsarbeit zu leisten sozusagen. Die Frauenbewegung war mir immer ein Anliegen. Anderen, jüngeren Frauen bei ihrer Lebensplanung zu helfen. Dafür bekommt man auch keine Punkte. Und das Pflegen von Freundschaften war mir immer das Allerwichtigste. Ich könnte mir ein Leben ohne Freundinnen und Freunde, Frauen und Männer, nicht vorstellen. Freundschaften sind das Salz des Lebens.

Jeder dieser Seitenschritte auf dem Karriereweg ist für mich eine Bereicherung. Meine Chefin in Amerika, Marlene Belfort, hat einmal einen Artikel geschrieben mit dem Titel »The win-win-situation of mothers in science«. Das ist ein wunderschöner Artikel. Weil sie darin sagt, dass sich Frauen, die Kinder haben, in der Wissenschaft leichter zurecht finden. Weil sie neben dem Leben als Wissenschaftlerin noch ein Leben als Mutter haben. Die Wissenschaftswelt ist beinhart. Sie verlangt eine sehr hohe Frustrationstoleranz. Da kommt der Ausgleich, den die Mütter in ihren Kindern haben, sehr zugute. Man lernt als Mutter und Forscherin vor allem eines: Regieführung. Mehrere Dinge parallel zu tun und immer mehrere Filme im Kopf zu haben, die gleichzeitig ablaufen. Das bereichert und macht uns so richtig fit fürs Leben. Auch für später, wenn die Kinder einmal aus dem Hause sind. Diese Fähigkeit, unterschiedlichen Tätigkeiten nachzugehen und diese zu beherrschen und zu genießen, ist eine Wohltat. Das macht uns Frauen über 50 so richtig lebendig.

Viele Frauen verzichten für die Karriere bewusst auf Kinder. Das ist natürlich fein, wenn es ihr innigster Wunsch ist, beruflich erfolgreich zu sein, und sie keine Lust auf Kinder haben. Es ist aber auch oft eine Katastrophe, wenn sie eines Tages merken, dass sie auf etwas verzichtet haben, das sie eigentlich wollten. Und dass es sich nicht ausgezahlt hat. Das ist sehr traurig. Aber da die Menschheit sich sowieso schon zur Genüge, wenn nicht schon zu stark, vermehrt hat, wird es wohl immer mehr Menschen geben (müssen), die keine Kinder bekommen. Da wird es viele gelungene Lebensmodelle ohne Kinder geben.

Der ehemalige Bundeskanzler Wolfgang Schüssel hat einmal gesagt – und da hätte ich ihn auf den Mond schicken können: »Wir helfen den Frauen bei der Entscheidung: Kinder oder Karriere.« Dann beschloss die Regierung, ihnen Geld zu geben, damit sie zuhause bleiben und sich gegen den Beruf entscheiden können. Das ist keine Hilfe! Die Frauen sollten vielmehr diese Entscheidung gar nicht treffen müssen. Erlebnisse rund um die Geburt sind intensiv und unheimlich schön. Man sollte darauf nicht verzichten müssen. Es muss möglich sein. Trotz Karriere. Bei den Männern stellt sich ja auch nicht die Frage: Kind oder Karriere. Das muss bei Frauen genauso möglich sein. Es ist nur eine Frage der Organisation und des Willens. Es ist beides kompatibel und es ist gut, wenn beides nebeneinander besteht. Es ist gut für die Frau, gut für die Kinder, es ist für alle gut.

Ich glaube, die Zeit meiner Generation war die tollste Zeit, die Frauen überhaupt erleben konnten.

Für die Generation meiner Mutter war es viel schwieriger. Nach dem Krieg kam der Wiederaufbau, das Frauenbild war das »Babydoll« der 1950er Jahre (schrecklich! wenn ich an die Doris-Day-Filme denke!). Besonders hart war die Zeit, in der die Kinder aus dem Haus gingen. Eine depressive Zeit. Damals, in den 1960er und 1970er Jahren, ging man sehr früh aus dem Haus. Die Kinder weg, der Mann auf dem Höhepunkt seiner Karriere, womöglich nimmt er sich eine jüngere Frau, und die Ehefrauen bleiben ohne Aufgabe zurück. Dann sieht die Frau ihren Stellenwert, ihren Wert in der Gesellschaft nicht. Aber wenn sie beruflich aktiv ist, geht es ihr in dieser Zeit richtig gut. Die Welt steht ihr offen, sie kann machen, was sie will. Darin liegt eine unheimliche Selbstsicherheit. Es ist eine spannende Zeit, in der sie sich beruflich ausleben kann.

Unter den Frauen meiner Generation herrschte totale Aufbruchstimmung. Wir wussten, was wir wollten: Veränderung. An uns wurden aber gleichzeitig keine Erwartungen gestellt. Man hat uns nichts zugemutet. Wir waren die treibende Kraft. Wir waren aktiv. Wir waren die, die unseren Zeitgeist geformt haben.

Die jungen Frauen von heute sind in dieser Rolle nicht so präsent, sie sind teilweise politisch weniger aktiv. Alles passiert mit ihnen. Durch die veränderten Medien, den veränderten Arbeitsmarkt. Sie sind nicht so sehr die Gestalterinnen ihrer eigenen Generation. Der Wettbewerb ist beinhart und die Spielregeln sind nach wie vor männlich bestimmt. Das ist es, was das Ganze so schwierig macht. Gleichzeitig werden extrem hohe Erwartungen an die Frauen gestellt. Man hat bereits erkannt, dass Frauen sehr wohl sehr fähig sind, und der Kampf ist wieder voll ausgebrochen. Gesetze, die eigentlich von Frauen verhindert wurden, kommen wieder – durch die Hintertür. Diesmal mit dem Argument, dass sie ihrem Schutz dienten. Für sie ist es ungleich schwerer, Karriere zu machen. Denn es wird sehr viel Mobilität und Flexibilität gefordert. Aber trotzdem sollen die Karriereverläufe hübsch linear sein. Das ist ein unheimlicher Widerspruch. Es ist paradox.

Es ist eine extrem spannende Zeit, in der sich viel wandelt. Aber es ist auch ein Wendepunkt und wir müssen sehr gut aufpassen, dass der frauenverachtende Konservativismus uns nicht wieder einholt – über die Religiosität. Dennoch habe ich oft das Gefühl, dass der Leidensdruck, der mich und meine Generation angetrieben hat, nicht mehr spürbar ist. Wenn man alles darf, alles kann, alles möglich ist, dann ist die Orientierung auch viel schwieriger. Vielleicht braucht man ein Korsett, das man zu sprengen hat. Einen bestimmten Bewegungsrahmen, um sich sicher zu fühlen. Dieser Rahmen ist jetzt besonders weit. Die Vielfalt an Möglichkeiten, die Diversität hat ihn gelockert. Da kommt das Bedürfnis nach Sicherheit wieder auf. Und diese hat immer einen hohen Preis.

Ist die Diversität höher, gibt es weniger Sicherheit, weil es weniger Rollenmodelle gibt – oder sie nicht so klar definiert sind. Man muss mehr an sich selbst arbeiten, es gibt viel mehr Möglichkeiten, mehr Freiheit. Diese Freiheit ist grundlegend. Aber sie ist nicht einfach. Weil man selbst die Verantwortung trägt, die Dinge in die Hand zu nehmen.

Frei zu sein ist anstrengend. Selbst zu gestalten ist anstrengend.

Würden Frauen ihre Umwelt selbst gestalten, wäre sie sicher ganz anders, als sie momentan ist. Frauen würden anders forschen, sie würden ihre Arbeitsumgebung anders gestalten. Sie müssten sich nicht an die männlichen Spielregeln anpassen, sie müssten nicht so oft ihre Arbeitsstelle wechseln, weil sie nicht zu den weiblichen Bedürfnissen passt. Dann wären die weiblichen, unsere Karrieren auch etwas linearer. Ich will gar nicht sagen, dass das unbedingt anzustreben ist, diese Linearität. Aber es wäre etwas leichter. Es gäbe weniger Hürden. Es wäre eine schöne Bereicherung.

Eine Sache, die wir Frauen sicher umgestalten würden, wäre die Kinderbetreuung an den Arbeitsstätten: Die sollte eine Selbstverständlichkeit sein. Das Gesetz, das Schwangeren vorschreibt, bis wann sie welche Tätigkeit ausführen dürfen, das finde ich pure, ignorante Kurzsicht. Es ist so entwürdigend! Im Labor dürfen sie gar nichts mehr machen. Sie dürfen noch nicht einmal selbst darüber nachdenken, ob und was sie arbeiten möchten. Klar, dass keine Schwangere über Dämpfen in einer Lackfabrik arbeiten sollte. Aber für Frauen, die eine Karriere in der Wissenschaft oder der Kunst haben, ist es irrational, dass ihnen von männlichen Juristen oder Versicherungen (oder »Frauenschützern«) vorgeschrieben wird, was zu tun ist (oder eben nicht). Auf einmal ist alles verboten. Dabei geht es noch nicht einmal nur um die Gesundheit von Mutter und Kind, sondern meistens um die Versicherung. Dieses Denken widerstrebt mir. Unsere Gesellschaft ist ohnehin so stark auf Sicherheit ausgerichtet. Die Versicherungen sind schon fast ein Religionsersatz. Denn die Versicherungen machen die Spielregeln. Deshalb werden die Frauen, sobald sie schwanger sind, entmündigt. Mit dem Argument, dass der Arbeitgeber Druck auf sie ausüben würde, indem er von ihnen verlangt, Dinge zu tun, die sie nicht sollten. Sie werden alle über einen Kamm geschert. Weil niemand bereit ist, das Risiko und die Verantwortung zu tragen.

Doch: warum sollten es die Frauen nicht selbst tragen?

Warum sollten die Frauen nicht selbst bestimmen, ob sie sich wohlfühlen und welche Arbeiten sie sich noch zutrauen? So viel Diversität muss zugelassen werden. Es müssen nicht alle unter eine Versicherungsklausel gequetscht werden. So funktioniert der Mensch nicht, höchstens ein kleiner Teil der Bevölkerung. Denn die große Frage ist doch: Wie gestalten wir unsere Gesellschaft? So, dass alles leicht funktioniert, aber leider eintönig ist? Gleichgeschaltet. Diktatorisch. Wo ist die Freiheit, der Spielraum, in dem man sich bewegen kann?

Wo ist der Freiraum? Nicht nur in der Gesellschaft, sondern auch in unseren Städten. Die Straßen waren damals, als die Städte neu geplant worden sind, in den 1940er und

1950er Jahren, allein für die Männer da. Wie viel Raum die in einer Stadt haben! Ihre Autos, ihre Straßen, ihre Bars, ihre Fußballplätze. Und wie wenig Raum haben eigentlich Frauen. Die Spielplätze? Die sind für Frauen und Kinder da. Aber wo ist der Raum nur für die Frauen? Man weiß nicht einmal, was das sein könnte. Weil die Frauen nicht daran beteiligt waren, die Städte mitzugestalten. Vielleicht sind sie deshalb jetzt für viele so lebensfeindlich.

Hier schwappt die Genderfrage in mein Forschungsgebiet über. Denn ich frage mich, die modernen Erkenntnisse der Epigenetik betrachtend (siehe Kapitel 9): Wie weit legen sich die sozialen und gesellschaftlichen Zwänge, die Einschränkungen, die Frauen erleben, epigenetisch fest? Wie viel vom Unterschied zwischen Mann und Frau ist durch die Gesellschaft bedingt?

Mädchen und Frauen sind über Jahrtausende viel schlechter ernährt worden als Buben und Männer, sie haben weniger Sport treiben, weniger Aktivität entfalten, weniger lernen dürfen, weniger Bildung bekommen: Die Universitäten sind erst seit etwas mehr als 100 Jahren für Frauen geöffnet, die Olympischen Spiele seit etwas mehr als 80 Jahren. Ich frage mich, ob und wie sehr sich das auf den epigenetischen Zustand der Gene der Frauen niedergeschlagen hat. Und ich frage mich, ob diese epigenetische Veränderung der Gene sich in Zukunft wieder zurückbilden wird können.

Denn ich habe das Gefühl, dass wir mitten in einer Veränderung stecken, in einem Wandel zum Guten. Denn die Männer von heute haben viel mehr Mut zur Weiblichkeit. Frauen leben gleichzeitig viel mehr ihren Bewegungstrieb aus und machen das, was jahrtausendelang männlich konnotiert war, zu ihrer eigenen Sache. Verhalten, Gefühle, Tätigkeiten: Was geschieht, ist, dass diese moderne Lebensweise und die modernen wissenschaftlichen Gedanken den

Gender-Aspekt verschieben, dass sie ihn öffnen. Dass Mann und Frau nicht mehr in ein Schwarz-weiß-Schema gepresst werden können, sondern dass die Zwischenzustände zwischen total männlich und absolut weiblich grenzenlos ineinander übergehen. So, wie man nicht weiß, wo die Grenze zwischen Grün und Gelb ist, verschwimmt jene zwischen Mann und Frau.

Vielleicht werden die epigenetischen Schalter nun wieder umgelegt.

Das macht die Gender-Diskussion natürlich extrem spannend. Vor allem müssen auch die Partnerbeziehungen, die Mann-Frau-Beziehungen mithalten. Die ändern sich auch sehr stark.

Wenn sich jetzt wirklich herausstellt, dass viele davon durch die gesellschaftliche Umwelt bedingt waren, wird der Mut zur Diversität wieder viel größer werden. Das wird vielen, vielen Menschen sehr gut tun. Das würde dann eine Vielfalt an genderdiversen Verhaltensweisen und Beziehungen ermöglichen. Vor allem, weil die Reproduktion nicht mehr so stark im Vordergrund stehen wird. Denn es ist schließlich alles andere als angenehm, als Frau in die Passivität gedrängt zu werden. Genauso unangenehm, wie es für Männer ist, immer den Aktiven geben zu müssen.

Die Befreiung der Männer aus der »Three-Inch-Society« steht bevor. Ihre Befreiung aus der Aktivität.

Aus dieser Aktivität konnte sie noch nicht einmal die Kunst befreien. Das ist etwas, was mich momentan sehr beschäftigt: In der Kunst fehlt die erotische Darstellung des Mannes aus dem Blickwinkel der Frau. Ich frage mich: Was hätte der begehrte, der erotische Mann vom Gesichtspunkt einer Frau aus gesehen? Das ist ein Tabu! Weil die Männer natürlich ausflippen würden, wenn sie auf einmal darauf kämen, dass ihre drei Inches nicht das sind, worauf die

Frauen stehen. Es ist auch deshalb ein Tabu, weil der Mann dann auf einmal der Begehrte wäre, das Lustobjekt, der Passive.

Das birgt eine ganz neue Begegnung zwischen Mann und Frau in sich. Warum soll der Mann nicht begehrt werden können? Vielleicht ist es die Angst vorm Versagen. Aber das ist so lächerlich! Warum muss es sogar in einer Beziehung immer um Leistung gehen, um besser, schneller, größer?

Die Gender-Diskussion wäre ungleich spannender, ungleich fruchtbarer, könnten wir uns von diesem Aktiv-Passiv-Schema trennen.

Die Männer sollen sich endlich davon befreien.

Und wir Frauen sollten ihnen zeigen, wie schön die Welt sein kann – mit drei Inches weniger.

KAPITEL 12

Bildung

Oder: Geiz ist überhaupt nicht geil

Wir alle haben ein Ziel im Leben: Glück. Glücklich ist, wer die Eigenschaften, die er in sich trägt, so kohärent verarbeiten kann, dass er Lösungen für seine Probleme findet. Diese Lösungen sind natürlich – nachdem die Menschen so verschieden sind – möglichst individuell. Verschiedene Schicksale, unterschiedliche Lebenswege, individuelle Geschichten. Jeder Mensch sollte in der Lage sein, sein Leben selbst zu gestalten. Es ergibt sich daraus eine Vielfalt an Modellen und Lösungen, so vielfältig wie wir Menschen sind. Eine reiche Gesellschaft – und darauf komme ich immer wieder zurück – ist eine Gesellschaft, die eine hohe Diversität aufweist.

Was das mit Bildung zu tun hat?

Sehr viel. Jede Regierung, jeder Machtapparat ist daran interessiert, dass Menschen unzulänglich gebildet sind, denn dann sind sie manipulierbar genug, um sie in eine Richtung – in die von den Machthabern gewünschte Richtung – zu treiben. Wenn alle gleichgeschaltet sind, sind sie leichter zu handhaben. Da ist kein Raum für Diversität, für ganz individuelle Lösungs- und Lebenswege, die durch Bildung von jedem Einzelnen erreicht werden können. Deswegen ist Bildung so wichtig.

Bildung ist aber nicht gleich Information.

In der Gesellschaft, in der wir leben, ist es sehr leicht, an Informationen zu gelangen. Und weil es so leicht ist, müssen wir mit Bildung ganz anders umgehen lernen. Für mich ist das Ziel der Bildung klar definiert: in der Lage zu sein, kritisch zu denken. Die Grundlage dafür, der Weg zur Bildung, führt über die Schule. Kritisch denken lernen beginnt in der Volksschule. Noch besser wäre es, wenn schon im Kindergarten damit begonnen würde. In den ersten Schuljahren sollte man natürlich Lesen, Schreiben und Rechnen lernen. Vor allem Lesen und Schreiben: Die Sprache ist der Weg zur Bildung. Sie verhindert, dass soziale Spannungen entstehen. Schon bei den ganz Kleinen geht es um Sprache. Wer der Sprache nicht mächtig ist, braucht ein anderes Ventil und drückt sich dann oft mittels körperlicher Gewalt aus. Dem gilt es entgegenzuwirken. Und das ist, denke ich, eigentlich gar nicht schwer. Denn die Lust an der Sprache, am Schreiben und am Lesen, die Lust an der eigenen Kreativität, steckt in den Kindern drin. Man muss ihnen nur Raum geben, sich zu entfalten, und sie nicht zu sehr in eine Richtung drängen. Sehr früh sollte man den Kindern bereits klar machen, dass sie vieles erreichen können, wenn sie ihre Wünsche und Frustrationen klar ausdrücken können.

Genauso wichtig wie die Sprache ist das Philosophieren – das strukturierte Denken. Nicht über die großen Philosophen. Vielmehr sollten die Kinder verstehen, wie die Dinge sich verhalten, wie die Welt um sie herum strukturiert ist. Sie sollten lernen, nachzudenken. Ich bin in Brasilien aufgewachsen. Meine ersten Schuljahre habe ich in einem Schulversuch verbracht. Der Zugang, den es dort gab, war sehr spannend: Uns wurde nicht gesagt: »Die Erde ist rund. So ist es. Und aus.« Sondern wir mussten herausfinden, wie man entdeckt hat, dass die Erde rund ist. Das mussten wir dann den anderen Kindern erzählen. Dabei lernt man durch vielseitige Prozesse: Man formuliert Fragen, sucht nach Antworten, lernt zu verstehen, was Beobachtungen bedeuten. Und was ganz besonders wichtig ist: Man lernt, sich klar auszudrücken, um es anderen erklären zu können. Denn um anderen etwas erklären zu können, muss man es selbst begriffen haben. Dieser Prozess braucht zwar viel mehr Zeit, ist aber auch viel befriedigender als einfaches Faktenlernen. Das ist ein ganz anderer Zugang zum Lernen, der mich sehr geprägt hat. Nur in Portugiesisch und Mathematik hatten wir Frontalunterricht. In allen anderen Fächern, Geschichte, Geografie, Naturwissenschaft, haben wir uns auf solche Entdeckungsreisen begeben.

Es gab noch ein Fach, das in unserem Schulsystem komplett fehlt: Rhetorik. Man lernt nicht nur, zu sprechen. Sondern auch, selbst zu denken. Aktiv zu sein. Der Unterricht lief so ab: Man bekam ein Wort von den Mitschülern zugerufen und musste alles darüber erzählen, was man wusste. Es entstanden Gedankenspiele, die spaßig und gleichzeitig sehr spannend für uns waren. Wenn man nichts darüber wusste, konnte man einfach nur erzählen, was man sich darunter vorstellte. Es war etwas ganz anderes, den anderen Schülern spontan etwas zu erzählen und auf Fragen zu antworten, die man sich vorher noch nie überlegt hatte. Es war egal, wenn man eine Frage nicht beantworten konnte. Es ging allein um den Lernprozess. Das war ein großer Unterschied. Es ging darum, die Scheu vor dem freien Sprechen abzulegen, formulieren zu lernen, ohne vorher etwas auswendig gelernt zu haben. Man bekam keine Noten. Sondern Fähigkeiten.

So zu lernen ist lustvoll. Diese Lust steckt in jedem Kind. Wissen wird zum Spiel – wie bei der »Millionenshow«. Es weckt auch die Lust am Wettbewerb. Sobald ein

Kind zu denken beginnt und sprechen kann, fragt es und fragt und fragt. Diese Warum-Phase ist schön, weil sie Denkmuster frei legt. Kinder denken logisch. Das geht aber den meisten Menschen leider auf die Nerven. Frag nicht so viel! Warum? Weil die Art, wie wir lernen, auf das Reproduzieren beschränkt ist. Wir Erwachsene haben meistens verlernt oder vergessen, wie unser Faktenwissen entstanden ist. Es sollte nicht sein, dass die Kinder nur wiedergeben, was sie erzählt bekommen. Das ist bequem. Dann bekommen sie gute Noten. Das heißt: unsere Bildung ist eher die Ruhestellung des Denkens. Die Kinder können mit dem Erlernten nicht umgehen. Sie lernen nicht, ihr Wissen aktiv zu verwenden. Ein Lückentext! Finde ich das Letzte. Multiple Choice! Schrecklich. Unkreativ. Das reine Abrufen von Information.

Man muss erst lernen, wie man mit Wissen umgeht.

Wie komme ich zu der Information, die ich brauche, was bedeutet sie, was darf ich glauben, was darf ich nicht glauben? Wie bekomme ich heraus, ob die Quelle verlässlich ist oder nicht, ob es eine gute Information ist oder nicht? Das braucht man fürs ganze Leben. Ob man jetzt ein Auto kaufen möchte oder ein gesundheitliches Problem hat. Es geht darum, nach individuellen Lösungen zu suchen. Das wären die Fähigkeiten, welche man Kindern und Erwachsenen beibringen müsste, um mit der heutigen Informationsflut und vor allem mit der Desinformationsflut umgehen zu können.

Die Volksschule, so wie wir sie haben, ist im Grunde nicht schlecht. Aber es hängt so sehr von der einen Lehrerin ab, welche die Kinder unterrichtet. Ich würde zuallererst mehr Männer in den Volksschulen sehen wollen. Damit es im Sinne der Gender-Frage ausgeglichener zugeht. Ich würde mir wünschen, dass Frauen nicht nur deshalb Lehrerin werden, weil es so schön vereinbar ist mit der eigenen Familie. Sondern dass sie das wirklich als Berufung sehen. Dass sie diesen Beruf bewusst wählen und ihn mit Leidenschaft ausüben. Es gibt sie ja auch, die wirklich tollen Lehrer und Lehrerinnen, und man sollte diese auch immer wieder wissen lassen, wie wichtig das ist, was sie machen. Sie bereiten unsere Kinder für die Zukunft vor. Ich kann mir keine bedeutungsvollere Aufgabe vorstellen. Der Stellenwert unserer Lehrer muss unbedingt verbessert werden. Bildung und Schule müssen als die wichtigste Investition in die Zukunft erkannt werden. Wenn man einen Studenten fragt, warum er sich für ein Fach begeistern kann, ist die Antwort doch oft, weil er einen Lehrer hatte, der in ihm das Interesse geweckt hat.

Ich bin pädagogisch nicht bewandert. Aber ich merke – sogar in der Arbeit mit meinen erwachsenen Studenten an den Universitäten –, dass man dann erfolgreich ist, wenn man die Schüler motiviert, dass sie ihre Stärken ausleben. Wenn man auf das hinweist, was sie gut können, und nicht nur auf ihre Fehler, wie es bei uns leider meistens ist. Den Fehlern wird viel zu viel Aufmerksamkeit gewidmet, viel mehr als den Stärken. Das erzeugt einen irrsinnigen Druck. Völlig umsonst, denn wenn es Dinge gibt, die Kinder absolut nicht wollen, dann machen sie es eben nicht. Man muss ja nicht alles gemacht haben. Qualität vor Quantität. Es ist besser, die eigenen Fähigkeiten auszubauen. Es geht nicht darum, alle möglichen Halbfähigkeiten anzusammeln. Wenn Kinder Erfolgserlebnisse haben, fällt es ihnen meistens auch leichter, unangenehme Aufgaben zu übernehmen.

Es geht darum, die Stärken zu stärken.

Das Ziel der Bildung ist für mich also klar definiert: Jeder sollte seine individuellen Fähigkeiten optimal einzusetzen lernen und dabei ein gewisses Maß an Sicherheit gewinnen. Selbstsicherheit. Sich selbst gut einschätzen können, was man kann und womit man Schwierigkeiten hat. Und mit seinen Schwächen umgehen können. Jeder sollte die individuelle Lösung finden können, die er braucht. Wir entfernen uns aber von diesem Ziel, statt dass wir ihm näher kommen. Wenn ich diesen Werbeslogan höre: »Geiz ist Geil«, dann macht mich das wütend. Er ist stellvertretend für die Fülle an Manipulation, die uns als Konsumenten zugemutet wird. Der Konsument wird in ein Verhalten gedrängt.

Der Ungebildete ist ein Opfer.

In jeder Hinsicht: Denn auch Ernährung und Gesundheit sind an die Bildung gekoppelt. Allein schon deswegen ist Bildung so wichtig. Vor Kurzem habe ich eine Sendung gehört über den Zusammenhang zwischen Gesundheit und Bildung. Es hieß darin, dass Amerika ein Land sei, in dem es keine traditionell entwickelte Ernährungsform gibt. Dass die Amerikaner auf alles hörten, was über die Medien verbreitet wird. Wenn es gerade wieder heißt: »Fett ist gut und Kohlenhydrate sind böse«, schlägt sich das sofort auf die Umsätze der Bäckereien und Pasta-Läden nieder. Die Menschen geraten aus dem Gleichgewicht und leben immer ungesünder. Weil sie verlernt haben, wie eine gute Ernährung sein sollte. Sie hören nicht auf ihren Körper, sondern auf das, was gerade »in« ist. Auf das, was gerade »geil« ist. Das kann es doch nicht sein.

Was ist gesund? Was ist ein Schönheitsideal? Muss man ein Schönheitsideal anstreben? Als ich gehört habe, dass sich in China manche Frauen ihre Beine operativ verlängern lassen, bin ich fast ausgeflippt! Die lassen sich die Knochen brechen, damit die Beine auseinandergezogen werden können. Wahnsinn. Warum macht man das? Warum will man einem bestimmten Ideal entsprechen, warum eifert man dem in einem solchen Ausmaß nach? Fühlt man sich danach wirklich besser? Es wird nicht hinterfragt. Das ist ein starkes Zeichen für mangelnde individuelle Bildung. Auch bei uns gibt es zu viele Menschen, die viel zu stark von der Werbung beeinflussbar sind.

Es braucht eine bestimmte Menge an Bildung, um zu hinterfragen und nicht so leicht beeinflussbar zu sein. Sei es politisch, sei es von Religionen oder von der Werbung. Von all diesen manipulierenden Kräften, welche die Menschen ausbeuten wollen. Nur, wer eine starke Persönlichkeit hat – durch Bildung – wird nicht so leicht zum Opfer aller möglichen Mächte.

Genauso sind Ernährungsprobleme, Essstörungen bei Jugendlichen eine Folge mangelnder Bildung. Sie ist notwendig, um das richtige Maß, die richtige individuelle Lösung zu finden. Nicht zu hungern oder zu fressen oder sich operieren zu lassen. Ich finde es auch einen Wahnsinn, was mit alten Menschen gemacht wird. Was man ihnen alles aufschwatzt und wie viele Medikamente sie schlucken müssen, meistens vollkommen unkontrolliert. Was in ihnen für Hoffnungen geweckt werden – nach Operationen, Medikamenten, Hilfsmitteln. Weil sie Goldesel sind, an denen man verdienen kann, werden sie als Geldquelle regelrecht geschröpft.

Hier ist überall unsere Bildung gefragt: damit wir nicht so leicht Opfer werden. Opfer der Werbung, von Psychotricks oder Modeerscheinungen. Wenn die Menschen beginnen, rationell zu denken, werden all diese Slogans nicht mehr wirksam sein. Sicher sind Emotionen wichtig. Aber die dürfen nicht das ganze Verhalten bestimmen.

Geiz ist nämlich überhaupt nicht geil.

Das ist jedem klar, der von Anfang an die Chance bekommt, eigenständig zu denken und sich seine eigene Meinung zu bilden. Geiz verschlechtert das soziale Netz der

Menschen. Das war mir bei der Erziehung meiner Kinder extrem wichtig. Ich hatte kein Konzept dafür. Ich habe es vermieden, Ratgeber zu lesen. Wenn ich welche geschenkt bekommen habe, habe ich sie mir natürlich angesehen, obwohl sie mir zuwider waren. Ich habe den Kindern zugeschaut, habe beobachtet, wie sie sich entwickeln. Wenn es notwendig war, ich gemerkt habe, der braucht einen Rat oder geht in die offensichtlich falsche Richtung, habe ich ein bisschen nachgeholfen. Oder Dinge verhindert.

Grundlage dafür ist meine Überzeugung: dass in den Kindern das Richtige bereits drinsteckt. Ich glaube, wenn man den Kindern vermittelt, dass sie okay sind, so wie sie sind, dass man sie mag, ganz unabhängig von ihrer Leistung, dann entfaltet sich das Kind schon richtig. Und wie wichtig es ist, dass man die Freunde der Kinder auch so behandelt. Dass sie eine sehr wichtige Komponente sind für ein gelungenes Leben. Man darf den Kindern eben nicht vermitteln: Ich mag dich nur, wenn du das tust, was ich will. Wenn du so bist, wie ich mir vorstelle, dass du sein solltest. Das ist, woran die meisten Kinder leiden: dass sie von den Eltern nicht angenommen werden. Weil sie nicht so sind, wie sie in deren Augen sein sollten.

Bei mir gab es auch keine Bestrafung. Wenn sie schlimm waren und ich wollte irgendetwas dagegen tun, habe ich immer gesagt: »Ich zähle jetzt bis 3, aber dann!« Und sie haben mich nie gefragt, was »dann« ist. Mir wäre auch nicht eingefallen, was »dann« gewesen wäre. Zum Glück haben sie es nie darauf ankommen lassen. Dieses Verhalten gibt es oft. Ich hörte im Religionsunterricht oft den Satz: »dann ist deine Seele verloren«. Klingt wirklich bedrohlich. Aber was bedeutet das eigentlich? Was passiert wirklich, wenn meine Seele verloren ist? Oder ich in den Himmel komme? Mittels dieses Mechanismus funktioniert meistens die Manipulation, weil die Menschen nicht weiterfragen. Was ist »dann«?

Noch so einen Trick hatte ich: Die meisten Konflikte drehten sich darum, dass die Kinder Unordnung gemacht hatten. Meine Lösung dafür war, dass wir öfters eine »Clean-Up-Party« veranstaltet haben. Ich habe Pizza bestellt, wir haben die Musik laut aufgedreht und das Kinderzimmer mit Schwung aufgeräumt. Das war eigentlich Spaß. Das heißt: Viele Dinge, die man als unangenehm erachtet, kann man so gestalten, dass es angenehm ist.

Natürlich muss nicht alles Spaß machen. Es ist auch wichtig, dass man lernt, sich zu manchen Dingen zu überwinden. Zu merken, dass es eine Qual ist, sie zu tun. Und dann, wenn es gelungen ist, diese große Befriedigung zu spüren. Dieses Erlebnis muss man den Kindern auch zumuten. Man muss schwierige Situationen zulassen, durch die das Kind sich kämpfen muss. Es lernt, dass es, auch wenn es Probleme hat, deswegen nicht weniger akzeptiert wird. Nur Defizite, die wirklich schlimm sind, sollte man so hinbiegen, dass das Kind einigermaßen zurechtkommt. »Stärken stärken« ist ein gutes Prinzip, denn meistens, wenn ein Kind merkt, wie gut es in einer Sache ist, zieht es die anderen Dinge mit. Wer Erfolgserlebnisse hat, hat mehr Energie. Dann ist das Selbstbewusstsein höher. Wie eine Spirale, die sich nach oben schraubt.

Ich wüsste gar nicht, wie man Kinder bestrafen könnte. Wozu auch? Strafaufsatz? Das ist doch ein Wahnsinn! Da lernt das Kind: zu schreiben ist eine Strafe. Das, was es besonders gerne tut, verbieten? Fernsehverbot? Das bedeutet doch nur, dass Fernsehen das Tollste ist, was es gibt. Dabei ist das Gegenteil der Fall. Fernsehen steht der Bildung, wie ich sie verstehe, im Weg. Weil es verhindert, dass sich Gedankengebäude im Kopf selbst errichten. Vielmehr wird das

Denken von außen vorgegeben. Ich lehne Fernsehen ab. Lesen ist für mich viel spannender, weil ich mir in meinem Kopf eigene Bilder aufbauen kann. Es wird weniger vorgegeben. Natürlich sehe ich manchmal gerne einen guten Film. Aber ich mag es überhaupt nicht, mit Themen unterhalten zu werden, die mich nicht interessieren. Ich werde nur sehr ungern abgelenkt von meinen eigenen Gedanken.

Bildung ist wichtig für unsere Lebensqualität. Bildung ist aber genauso wichtig für die Qualität der ganzen Gesellschaft. Denn je schlechter unsere Bildung ist, desto mehr sind wir in Gefahr, dass unser demokratisches System nicht mehr funktioniert. Denn für eine Demokratie brauchen wir ein mündiges, gebildetes Publikum. In der chinesischen Gesellschaft steht das Individuum unter dem Wohl der Gesellschaft, das heißt: Es ist klar, dass man sich dem Wohl der Gesellschaft opfert. Das Individuum ist unmündig. In unserer Verfassung hingegen steht, dass das Individuum darüber steht. Es kann also niemand für das Wohl der Gesellschaft geopfert werden.

Und schon gar nicht über seine Ängste manipuliert werden.

Bildung ist das beste Mittel gegen Angst. Allein dafür lohnt es sich schon, sich zu bilden. Denn Angst haben wir vor Dingen, die diffus sind, die wir nicht genau kennen, die tabuisiert sind. Vor Dingen, die man sich nicht traut zu fragen. Davor haben wir Angst. Aber wenn wir lernen, klare Gedanken zu fassen und diesen Dingen nachzugehen, um sie zu verstehen, verschwindet die Angst. Das ist extrem wichtig, denn sie hemmt uns, sie beschwert uns. Wirken wir gegen die Angst – indem wir unsere Bildung pflegen und hochhalten –, können wir Menschen auch nicht mehr über unsere Angst regiert und manipuliert werden.

Wenn es um die Manipulation über unsere Ängste geht, sind die Werbemethoden der Versicherungsgesellschaften und der Politik ein gutes Beispiel: Angst schüren und dann Lösungen vorschlagen. Angst vor Einbrechern. Angst vor der Zukunft. Angst vor Genen! Angst vor dem Fremden! Angst vor fremden Genen!! Merken Sie jetzt, wie die Politik damit arbeitet? Zuerst suggeriert man Ihnen eine Gefahr, vor der Sie Angst haben sollten. Sie hinterfragen es nicht wirklich – Sie haben keine Angst –, aber so ein ungutes Gefühl bleibt zurück. Und dann fragen Sie sich – womöglich unter Selbstvorwürfen –, ob Sie wirklich alles tun, um die Gefahr abzuwenden. Wir müssen überlegen: Ist es wirklich eine Gefahr? Und wie wahrscheinlich ist es, dass sie eintritt? Schließe ich diese Versicherung ab oder nicht? Möchte ich wirklich viel Geld zahlen und mir dann von der Versicherungsgesellschaft diktieren lassen, wie ich mich tagtäglich zu verhalten habe? Mir sagen lassen, wie viele Schlösser und Lichtquellen ich brauche? Ich will mir das von niemandem vorschreiben lassen. Denn dabei entwickelt man eine gemeine, hemmende Paranoia. Die Menschen werden dadurch manipulierbar. Das Wichtigste ist, sich zu fragen, was passieren kann. Was ist die Konsequenz, wenn dieses gefährliche Ereignis wirklich eintritt? Was ist das Schlimmste daran, bestohlen zu werden? Man hat ein paar Gegenstände weniger. Na und? Die Analyse der Folgen eines Ereignisses, vor dem wir Angst haben, ist extrem hilfreich. Es macht das Leben leichter. Meistens merken wir dann, dass die Folgen nicht wirklich Angst einflößen müssen. Denn Angst vermindert unsere Lebensqualität entscheidend.

Piotr Slonimski, mein früherer Chef, hat einmal zu mir gesagt, er teile die Menschen in zwei Gruppen ein: die Intelligenten, die sich leicht tun, Entscheidungen zu treffen; und die, denen Entscheidungen schwer fallen. Mit denen will er nicht arbeiten. Weil er sagt: Wenn man Entscheidungen zu treffen hat, soll man nur nachdenken, ob es wichtig ist oder nicht. Man kommt darauf: Die meisten Dinge sind unwichtig. Da kann man sich schnell für irgendetwas entscheiden, weil es ganz egal ist. Aber wenn man dann eine wichtige Entscheidung zu treffen hat, soll man es sich gut überlegen. Was bei der Entscheidungsfindung hilft, ist, sich zu überlegen, was die Konsequenz ist. Entscheidungsmöglichkeit A – was wäre die Folge? B – was wäre die Folge? Und: Wenn in den Folgen etwas Negatives entsteht, wie kann ich dieses Negative wieder aufheben oder vermindern?

Diese Methode ist sehr sehr hilfreich. Bildung hilft dabei sehr, denn man versteht Dinge zu hinterfragen und rationell zu analysieren, und ist nicht so leicht emotionell beeinflussbar.

Wissen, Informationen, Fakten sind die Grundlagen für Bildung. Bildung ist die Verarbeitung und der aktive Umgang damit. Deswegen ist es wichtig, dass die Quellen der Information zugänglich bleiben und nicht einseitig manipulierbar sind. Daher darf das Internet nicht abschaltbar sein – wie in vielen autoritären Staaten, wo manche Webseiten nicht erreichbar sind. Nicht existieren für das Volk. Vor allem darf das Internet nicht von politischer Seite abschaltbar sein. Es muss mehrere Instanzen geben, die das Wissen, die Fakten, unabhängig, global kontrollieren. Ohne dass diese nach Macht streben. Es müssen Institutionen sein, die gewährleisten, dass die Informationen, die über das Internet abrufbar sind, für jeden und zu jeder Zeit zugänglich sind. Denn sie bilden heute die Basis für unsere Bildung.

Bildung ist wichtig für die globale Demokratie, für die globale Entspannung.

Sie ist die Grundlage dafür, dass wir unser Ziel erreichen: Glück.

KAPITEL 13

Wozu das Ganze?

Oder: Meine Lebensphilosophie

Nun, ich bin am Ende dieses Buches. Es wird Zeit für eine Erklärung: Wozu soll dieses Buch gut sein? Was ist sein Zweck? Wozu die Auseinandersetzung mit all diesen Fragen? Als Antwort darauf stelle ich Ihnen meine Lebensphilosophie vor. Sie können damit machen, was Sie wollen. Sie verachten, verurteilen, ignorieren, schätzen, adaptieren, verändern, umkehren. Nur eines sollten Sie nicht damit tun: sie eins zu eins übernehmen. Denn ich bin überzeugt davon, dass jeder Mensch seine eigene Lebensphilosophie haben sollte. Nach seinem eigenen Wissen, seinem Erkenntnisstand, seinen Genen, seiner persönlichen Erfahrung, seinen Erinnerungen. Das ist mühsam, aber lohnend. Es ist der beste Weg.

Ich bin Naturwissenschaftlerin – und habe mir herausgenommen, zu philosophieren. Ich habe mir herausgenommen, die Fragen des Lebens zu stellen und sie aus meiner ganz persönlichen Perspektive zu beantworten. Ich denke, das ist auch gut so. Im Kapitel »Was ist Leben?« ging es darum, wie wichtig es ist, die Grenzen der eigenen Disziplin zu überschreiten. Diese Überschreitung ist von zentraler Bedeutung für meine Lebensphilosophie.

Ich verlasse die Grenzen meines Fachs, die Grenzen meiner geschulten Wahrnehmung, wenn Sie so wollen. Aber ich habe keine Angst davor, mich lächerlich zu machen, auch wenn ich mich auf fremdes Terrain begebe. Ich sehe das ganz pragmatisch. Jeder Forscher, der, systematisch denkend, nach Tatsachen sucht – ganz im Sinne Wittgensteins –, macht Philosophie. Sobald wir aus unseren Experimenten heraus allgemeingültige Tatsachen und Phänomene ableiten und bearbeiten, dann doch nur aus dem Grunde, um Anleitungen fürs Leben zu bekommen. Wir nutzen die Erkenntnisse aus der Wissenschaft, um das Leben sinnvoll und erfolgreich zu gestalten. Das ist etwas ganz Individuelles. Was für den einen ein erfolgreiches Leben ist, ist für den anderen eine Katastrophe.

An meine Lebensphilosophie gehe ich als Naturwissenschaftlerin heran.

Ich suche nach Erkenntnis. Ich sammle Fakten. Ich möchte diese Fakten möglichst gut abgesichert wissen. Diese Absicherung hat ihren Zweck: Schließlich sind die Erkenntnisse, die aus ihnen resultieren, nicht nur um der Erkenntnis willen gut – das wäre zwar allein schon eine Berechtigung, es ist mir aber zu wenig, es motiviert mich nicht. Ich möchte, dass es sich für mich lohnt, weil die Auseinandersetzung mit schwierigen Fragen ja nicht nur ein reines Vergnügen ist. Weil immer Zweifel bleiben. Schon → Platon fand es sehr mühsam. Es scheint also, als wären wir, die wir philosophieren, alle masochistisch veranlagt, weil wir die Zweifel, ja, die Gewissheit, dass wir immer zweifeln müssen, in Kauf nehmen. Warum tun wir das? Was motiviert uns dazu? Ich denke, weil wir einfach nicht anders können. Ich als Naturwissenschaftlerin kann nicht anders. Ich kann und will mich nicht selbst belügen. Also möchte ich zumindest einen Gewinn für mich herausschlagen, für mich ganz persönlich. Dieser Gewinn ist, dass mir die Auseinandersetzung mit den Fragen über das Leben ebendieses, das Leben nämlich, sinnvoll, spannend und erst so richtig lebenswert macht.

Der Gewinn der philosophischen Mühe ist die Erkenntnis. Da man Wissen, Erkenntnis, ganz leicht weitergeben kann, ohne es zu verlieren, möchte ich liebend gerne diese Erkenntnis, die sich zu meiner Lebensphilosophie zusammenfügt, mit Ihnen teilen. Nicht mehr, und nicht weniger.

Bei allem Zweifel: Philosophie ist etwas Schönes. Und die alten Griechen haben uns diesbezüglich das schönste Erbe hinterlassen, das man sich vorstellen kann. Viele moderne Philosophen meinen, dass wir Europäer bis heute Platon nicht überwunden hätten. Vielleicht braucht man ihn gar nicht zu überwinden. Immerhin hat er noch heute Gültigkeit. Denn die Fragen, die er und Sokrates sich ständig gestellt haben, und ihre Ideenlehre sind die Basis unserer Denkmuster. Und damit die Basis unserer Kultur. Diese Ideen sind die Bilder und Begriffe, die notwendig sind, um die Wahrheit zu erkennen. Die – wie ich finde – wunderbare griechische Philosophie wurde leider mit der jüdisch-christlichen vermischt; gemeinsam bilden sie unsere heutige europäische Kultur. Die Christen haben zu allem Unglück die Platonische Akademie vor 1500 Jahren schließen lassen. Um das Heidentum zu überwinden. Was für ein folgenschwerer Fehler! Denn damit begannen tausend Jahre der geistigen Einöde. Eine finstere Zeit, die in der Geschichte als geistiges Vakuum, als evolutionärer geistiger Stillstand betrachtet werden muss. Seit dem Beginn der Aufklärung versuchen die Europäer, sich davon zu erholen. Es gelingt nur den allerwenigsten. Die meisten – auch viele Wissenschaftler – schaffen es einfach nicht, ohne den Begriff »Gott« zu denken.

Während ich die alten Griechen teilweise noch immer schätze, kann ich für das jüdisch-christliche Element unserer

Kultur nur hoffen, dass wir auch dieses eines Tages (hoffentlich bald) überwinden werden. Weil es so lebensfeindlich ist. Die christliche Philosophie – wie jede religiöse Philosophie – strebt nämlich nicht nach der Wahrheit. Sie behauptet das zwar stets von sich, aber das Gegenteil ist der Fall. Die Früchte des Baumes der Erkenntnis sind verboten. (Aber sie trotzdem zu essen und die Folgen davon zu erleben, lohnt sich, »glauben« Sie mir!) Alles wird auf das Jenseits geschoben, die ihr zugrunde liegenden Begriffe (Gott, Hölle, Jenseits, ...) sind in meinen Augen rein virtuell und halten keiner lebensphilosophischen Analyse stand.

Auch »Vernunft« ist so ein Begriff. Dass es vernünftig sein soll, anzunehmen, dass es Gott gibt. Ich weiß gar nicht, was das sein soll. Ich habe mit diesem Begriff große Probleme. Ich weiß nicht, was Vernunft ist. Es bedeutet »im Einklang mit dem Bild«, aber wenn das Bild falsch ist, ist das absoluter Nonsens. Es soll also vernünftig sein, anzunehmen, dass es eine Schöpfung gab. Das ist Wunschdenken und nicht Wahrheitsfindung. Ich bin damit überhaupt nicht zufrieden. Manchmal, ja meistens, ist es doch vernünftig, nicht vernünftig zu sein.

Es ist vernünftig, anders zu sein.

Ich denke, nicht Platon, sondern Augustinus muss überwunden werden. Der einflussreichste christliche Philosoph, dem der Glaube die Grundlage für das Bekenntnis war, muss überwunden werden. Seine Einstellung zur Sexualität hat einen großen, jahrtausendelangen Schaden und so viel Leid angerichtet. Er hatte eine libidinöse Beziehung zu seiner Mutter, glaubte, seinen Trieb unterdrücken zu müssen, um sich dem Denken und der Religion hingeben zu können. Für ihn stand der Sexualtrieb einer Auseinandersetzung mit Gott diametral gegenüber. Was für ein Irrtum. Und mit ihm begann auch die traurige und finstere Zeit für die Frauen. Sie wurden aus dem geistigen Leben verdrängt. Nur weil der gute Augustinus ein Problem mit seinem Sexualtrieb hatte. Mit dieser Einstellung kann ich rein gar nichts anfangen.

Unser Sexualtrieb ist doch eindeutig das Ergebnis der Evolution, die von erfolgreicher Reproduktion abhängig ist. Das Wohlgefühl dabei ist zwar nicht lebensnotwendig, wir wären auch ohne Lust an der Sexualität in der Lage, uns fortzupflanzen. Das wird ja von den meisten Religionen gepredigt: Habt viele Kinder – aber Sexualität ist zu unterdrücken. Es ist schon interessant, wie oft religiöse Menschen glauben, ihre Sexualität unterdrücken zu müssen – erkennbar an der auffällig unerotischen Kleidung. Aber ist es nicht ein evolutionärer Vorteil, dass die Sexualität an die Wollust gekoppelt wurde? Das gegenseitige Begehren von Mann und Frau ist doch jene Kraft, welche die Evolution hervorgebracht hat, um unser Bestehen zu sichern! Diese unterdrücken zu wollen, bedeutet doch, das Leben zu verneinen! Vom Blickwinkel der Evolution machen alle unsere Triebe Sinn, denn sie waren notwendig, damit wir überlebten.

Die Trennung von Reproduktion und Sexualität ist sicherlich die wichtigste Veränderung der Menschheit im 20. Jahrhundert. Nicht die Erfindung des Computers, nicht die Kommunikationsmaschinen. Sondern die Fähigkeit zu kontrollierten Geburten, ohne die Sexualität zu unterdrücken. Als Folge kämen nur Wunschkinder auf die Welt. Ist das nicht ein versöhnlicher Gedanke? Eine Sexualität ohne Angst, ohne Unterwerfung. Diese Trennung ist in meinen Augen der Beginn einer neuen Phase in der Geschichte der Menschheit. Sie werden gleich sehen, warum ich dieser Meinung bin.

Es gibt Evolutionsbiologen, die sagen: Alles, was wir tun, zielt darauf hin, dass wir uns reproduzieren. Sie haben höchstwahrscheinlich recht.

Der Dualismus von Gut und Böse, Schwarz und Weiß, Geist und Materie muss überwunden werden, wollen wir wirklich vorankommen in unserem Bemühen, die Welt zu erklären. Wir müssen Grenzen überwinden, die aufgestellt wurden, um Gegensätze zu schaffen, die unserer Erkenntnis im Wege stehen. Grenzenlos denken, das wäre ein Ziel! So wie Grün und Gelb stufenlos ineinander übergehen. Genau so sollten unsere Begriffe nicht so starr kategorisierbar sein, sie sollten ineinander übergehen dürfen.

Auch unser Leben sollte nicht so begrenzt gesehen werden. Denn was wir sind, ist nur eine Momentaufnahme auf dem langen Weg der Evolution.

Die Evolution ist nicht zielgerichtet. Wenn man zurückblickt, hat man das Gefühl, es gab ein Ziel. Aber wenn man am Anfang steht, verzweigt sich alles nach vorne. Wenn man seinen Stammbaum anschaut, sieht man, dass er sich in beide Richtungen verzweigt: in Richtung der Ahnen und in Richtung der Nachkommen. Das ist das Muster des Ganzen. Der Weg ist das Ziel. Wir sollten das sein, was wir gerade jetzt sind. Wir sind jetzt. In Zukunft sind wir etwas anderes. Was wir sein werden, das hängt ganz von den Rahmenbedingungen, den Umständen ab. Davon, was die Evolution ausselektiert.

Die Gegenwart ist das Glück.

Wir müssen das jüdisch-christliche Weltbild überwinden. Wir müssen das Bild von einem Gott, der uns geschaffen hat, uns sieht und steuert, überwinden. Wir dürfen nicht Gott in den Mittelpunkt stellen. Nicht den Jüngsten Tag als Ziel sehen, sondern den Willen Gottes überwinden. Uns Menschen nicht als von außen gesteuerte, sondern als von innen determinierte Wesen sehen, die sich nicht zielgerichtet, sondern nach allen Richtungen entwickeln können. Dann wird vieles klar und so einfach. Wir dürfen unseren

Kindern nicht dieses verheerende, Angst erzeugende Bild, ständig beobachtet zu werden, eintrichtern. Nur, damit sie tun, was wir wollen. Schrecklich.

Betrachten wir uns Menschen also als etwas Werdendes, ohne Ziel. Mit offenem Ausgang. Akzeptieren wir doch die Ungewissheit.

Lassen wir uns treiben. Natürlich mit wachen Sinnen und der gegebenen Vorsicht. Aber wagen wir doch, dem anderen offen, ohne Scheu und Scham gegenüberzustehen, ihn anzusehen, ihn zu akzeptieren, ihn mit Neugier zu beobachten. Ihn wissen zu lassen, dass er ein spannendes Lebewesen ist, wie alle anderen auch. Lassen wir doch die Diversität zu, die in unseren Genen steckt. Lassen wir auch die Epigenetik zu, um unsere Gene zu diversifizieren. Je mehr Diversität wir haben, desto reicher werden wir sein. Desto höher wird die Wahrscheinlichkeit, dass wir überleben.

Ja, ich habe mich als Naturwissenschaftlerin der Philosophie angenähert. Ich gehe sogar noch einen Schritt weiter und gebe den Philosophen etwas aus der Naturwissenschaft mit, einen Rat. Die Philosophen stellen immer so riesige, globale Fragen. An denen sie Jahrhunderte, Jahrtausende zu knabbern haben. Im Grunde sind sie aber bei den meisten dieser mächtigen Fragen nicht ans Ziel gekommen. Wir Naturwissenschaftler – und das werfen die Philosophen uns immer vor – gehen reduktionistisch heran. Wir vereinfachen die Probleme, brechen sie herunter, zerlegen sie in ihre einzelnen Bausteine und setzen sie wieder zusammen, bis die Funktion wiederhergestellt ist. Das erklärt auch den Erfolg der Naturwissenschaften. Wir nehmen uns ganz kleine Aspekte vor und betrachten sie unter ganz konkreten Rahmenbedingungen. Das, was wir aussagen, gilt nur unter diesen Bedingungen, in diesem Zustand für diese eine Fragestellung. Kleine Häppchen, unter konkreten Bedingungen.

Wir machen Experimente und schaffen Fakten. Wenn sich die Bedingungen ändern, ändern sich meistens die Gesetze. Wir machen winzige Schritte. Aber wir machen Schritte, wir kommen voran, bis wir Fakten finden, die für viele Bedingungen gelten, aber doch nur für bestimmte Bedingungen. So sollte auch philosophiert werden.

Ich bin Naturwissenschaftlerin. Wenn ich hier philosophiere, kann ich die Religion nicht außen vor lassen, schon allein deshalb, weil sie die Philosophie so stark geprägt hat. Als Naturwissenschaftlerin kann ich nicht gläubig sein. Mich wundert immer wieder, wie gläubig die Menschen sind. Wie konservative Politiker immer noch Gott als Instrument einsetzen. Und damit Erfolg haben. Der Glaube ist anscheinend sehr tief in den Menschen verankert. Er ist wahrscheinlich längst epigenetisch fixiert. Ich akzeptiere nur das Wissen, das von Fakten kommt. Wenn ich mit diesem Wissen über die Schöpfung nachdenke, komme ich sofort darauf, dass es die Schöpfung nicht gibt. Es gibt einfach keine Hinweise dafür. Es ist für mich eindeutig, dass wir das Ergebnis der Evolution sind.

Wenn wir Wissenschaftler kreativ sind und Neues schaffen, spielen wir dann Gott? Kann die Wissenschaft zu weit gehen? Das werde ich häufig gefragt. Diese Fragen stellen nur religiös indoktrinierte Menschen, die an Gott glauben. An dieses personifizierte Etwas, das für alles verantwortlich ist. Die schlimmste Erfindung der Menschen war in meinen Augen keine wissenschaftliche, sondern Gott. Wie viele Tote gab es aus religiöser Überzeugung oder Legitimierung? Bildung, Bildung, Bildung: nur die macht aus uns Menschen rationale Wesen, die keine so dummen Fragen stellen. Die Wissenschaft kann nicht zu weit gehen, Wissen und Wissenschaft sind das einzig Legitime. Diese Stimmen gegen die Wissenschaft und gegen das Rationale sind nur hilflose Versuche, um die religiösen (mörderischen) Dogmen zu retten; Machterhalt der Religionen! Bildung ist die einzige Alternative.

Für mich ist klar: Wir sind nicht von außen – oder von »oben« – gesteuert.

Sondern von innen. Wir sind ein System, das sich selbst organisiert. Es ist eine uralte, zentrale Frage bei der Entstehung des Lebens, ob es Information von außen braucht, um Ordnung zu machen. Oder entsteht Ordnung im System selbst? Es gibt immer mehr Hinweise, dass es diese selbst ordnende Eigenschaft in Systemen gibt, in Molekülen, in Zellen. Sobald es eine große Anzahl von Elementen gibt, gibt es auch eine gewisse Ordnung. Wahrscheinlich ist es eine inhärente Eigenschaft von Systemen. Nicht eine von außen gemachte. Die RNA faltet sich und macht Ordnung. Auch wenn sie dazu manchmal Hilfe braucht.

Dazu gibt es ein geniales Gedankenexperiment, den →Maxwell-Dämon (benannt nach seinem Erdenker, dem schottischen Physiker James Clerk Maxwell, siehe Glossar). Der Dämon sitzt außerhalb des Systems und sorgt für Ordnung. Die Annahme ist: Auf einem Tennisplatz gibt es rote und grüne Bälle. Überlässt man das System sich selbst, werden die roten und grünen Bälle statistisch verteilt. Wenn man »Ordnung« machen will – rot auf einer Seite, grün auf der anderen Seite –, muss der kleine Dämon mit dem Tennisschläger da sitzen und jedes Mal, wenn ein roter Ball zu den grünen hinüber rollt, den Schläger dazwischen halten. Das heißt: Der Dämon braucht Information und er muss arbeiten. Deshalb hat es immer geheißen, es sei nicht möglich, dass die Welt entstünde ohne den Dämon. Wegen der Ordnung.

Wenn man ein System sich selbst überlässt, entsteht Unordnung. So lernen wir das in der Physik. Wenn wir aber beobachten, was in der Evolution passiert, stellen wir fest: Stimmt nicht. Es entsteht Ordnung. Auch ohne Dämon. Um uns Menschen herzustellen, ist extrem viel Ordnung und Information notwendig. Wir sind schließlich geordneter als ein Haufen Moleküle. Damit Leben entsteht, damit wir entstehen konnten, müssen Moleküle eine bestimmte Ordnung annehmen.

Warum entsteht dann Ordnung? Weil die Evolution diese selektiert hat. Sie selektiert, was sich erfolgreich vermehrt. Rückblickend kann man das erkennen. Es gab auch Unordnung – das meiste war Unordnung. Aber jene Zustände, die sich vermehren konnten, hatten eine bestimmte Konstellation, eine bestimmte Konfiguration, die wir jetzt als Ordnung definiert haben. Vorausschauend wären diese Zustände nicht als geordnet erkennbar gewesen. Genauso sehe ich die RNA. Sie kann sich ordnen, sie sucht aus vielen möglichen Strukturen jene Zustände aus, die ihr ermöglichten, dass sie sich erfolgreich vermehrte, sich verdoppelte und so das Leben in Gang brachte. Diese als »nativ« bezeichneten Zustände der Ordnung haben sich durchgesetzt. Diese RNA-Moleküle haben bestimmt, was Ordnung ist.

Ist die jetzt von außen aufgezwungen?

Oder ist es ein System, das sich selbst ordnet?

Ich denke: die Ordnung entsteht von innen. Es gibt keinen Dämon, es gibt auch keinen Gott, der sie von außen steuert. Vielmehr ist es eine inhärente Eigenschaft der Systeme: sich ordnen zu können. Jene Zustände, die »naiv« sind, das heißt aus denen sich etwas weiterentwickeln kann, vermehren sich und sind »fit« zum Überleben.

Wenn ich sage: »die Evolution hat etwas selektiert«, dann tritt zutage, wie tief meine religiöse Prägung in mir drinsteckt. Es ist schwer, diese eingeprägten Gedankenmuster auszulöschen. Ich meine damit natürlich nicht, dass die

Evolution ein handelndes Element ist – das wäre ja geradezu ein Gottesersatz. Es »wird« nicht selektiert – auf passive Weise. Vielmehr setzen sich jene Dinge aktiv durch, die evolutionär überleben. Diese Dinge haben sich bestätigt, haben sich entfaltet, haben sich erfolgreich durchgesetzt. Aktiv! Diese Eigenschaften sind inhärente Elemente des Systems geworden, dem System innewohnende.

Wir sind keine von außen gesteuerten Wesen. Was aber nicht heißt, dass wir nicht Signale von außen bekommen. Wir kriegen das Licht, die Energie, die Ernährung, Pheromone, Blicke – wenn wir nicht mit außen kommunizieren, existieren wir überhaupt nicht. Aber das Grundelement, das kommt von innen. Ich möchte mich nicht gern als ferngesteuert sehen. Aber wir sind sehr gefährdet, von außen gesteuert zu werden – durch Fernsehen, Werbung, Manipulation, Politik. Wie weit kann ein Mensch er selbst sein? Wie weit kann und muss er sich vor den äußeren Einflüssen schützen? Da kommt für mich wieder die Bildung ins Spiel. Wie lernen wir uns selbst kennen? Das ist für mich der Weg zum Glück. Wenn man seine inneren Eigenschaften entdeckt, erkennt, sie entfalten und mit der Umwelt in Einklang bringen kann. Ohne dass man ständig von außen abgelenkt wird. Ich möchte nicht ständig unterhalten werden. Wenn ich Unterhaltung suche, möchte ich sie mir selbst aussuchen. Aber dieses ungebetene Unterhaltenwerden – Werbung, Musik in den Geschäften, Disko auf der Schipiste, Monitore –, das mag ich überhaupt nicht. Ich sehe mich als von innen gesteuert. Nur das geschulte Auge nimmt Neues wahr, das Gleiche gilt für alle Sinne. Wir müssen uns möglichst schützen vor zu vielen äußeren Signalen, die uns suggerieren, was wir zu empfinden und zu fühlen haben.

In diesem Fall betrachte ich die RNA und lerne weiter. Denn RNA-Moleküle ordnen sich selbst. Einige sind sogar autokatalytisch. Das heißt, dass sie in der Lage sind, sich selbst zu verändern und zu formen. Sie sind sehr formbar. Sie entfalten sich auf viele verschiedene Weisen. Genau so sollte man Kinder viel selbst machen lassen. Man kann nicht alles vorleben und soll nicht so viel von außen steuern. Man muss Kinder eigene Erfahrungen machen lassen. Ich betrachte meine Kinder wie meine RNA-Moleküle. Die falten sich selbst, die haben inhärente Eigenschaften, ich beobachte sie, ich habe Freude an ihnen. Es ist so spannend, den Kindern beim Wachsen zuzusehen, es ist toll. Vieles geschieht so unerwartet.

Der Schlüssel dazu ist Vertrauen. Wenn man versteht, dass die Eigenschaften schon in diesen Lebewesen drin sind, braucht man nicht alles für sie tun. Das hilft enorm. Dass man die Dinge laufen lässt. Die haben sowieso eine eigene Dynamik.

Ich sage mir immer: Was mein RNA-Molekül kann, das kann ich auch. Und das können auch meine Kinder. Ich beziehe mich in der Betrachtung des Lebens immer wieder auf meine Forschung, es geht gar nicht anders. Meine Betrachtungen zur Religion (die ich, wie Sie mittlerweile wissen, komplett ablehne) und zur Philosophie, zur Gesellschaft – meine gesamte Denkweise hat ihren Ursprung in meiner Forschung. Sie und vor allem mein Forschungsobjekt, die RNA, lassen so viele Querverweise zu, sie sind in so vieler Hinsicht umlegbar auf das Leben und auf uns Menschen. Und auf die Gesellschaft. Man muss nur hinschauen, beobachten, offen und zuversichtlich sein.

Ein weiterer solcher Querverweis ist das Wachstum: das einer Bakterienkultur und das der Menschen auf unserem Planeten.

Unsere Gesellschaft ist auf Wachstum aufgebaut (siehe Kapitel 2). Wir steuern auf ein Plateau zu, auf dem wir nicht mehr wachsen sollten. Wir sind schon viele – für die Erde wären 1 bis 2 Milliarden Menschen genug. Und auch unsere Wirtschaft ist auf ständiges Wachstum aufgebaut. Das geht irgendwann nicht mehr, die Erde gibt nicht mehr her. Ich betrachte diese Entwicklung wie die einer Bakterienkolonie. Die kommt irgendwann in eine stationäre Phase. Und wenn sie sich nicht kontrolliert und rechtzeitig einbremst, geht sie zugrunde. Wenn wir zu sehr wachsen, wird es uns auch so ergehen.

Das Spannende ist, dass unsere Kultur darin besteht, zu wachsen; zu wachsen und noch mehr zu werden. Damit wir mehr werden als unsere Feinde. Wir Forscher untersuchen ganz selbstverständlich meistens Bakterien und Zellen, die wachsen. Normale menschliche Zellen sind die meiste Zeit nicht auf Wachstum programmiert. Bakterien ebenfalls nicht; die verbringen die weitaus längste Zeit ihres Lebens im Ruhestand. Tumorzellen dagegen schon. Das ist eine der Ausnahmen, die es gibt. Das Interessante ist: Von unserem Weltbild beeinflusst, haben wir immer lieber Zellen untersucht, die wachsen. Da tut sich was! Wenn es in der Forschung um menschliche Zellen geht, arbeiten wir meistens mit Tumorzellen, wie zum Beispiel den HeLa-Zellen, Zellen eines Tumors von einer an extrem aggressivem Krebs erkrankten Frau (Henrietta Lacks, siehe Glossar). Aber eigentlich verbringen die Bakterien die meiste Zeit ihres Lebens in Hunger; sie wachsen nicht. Das ist eigentlich der Normalzustand. Auch Viren haben dieses Dilemma: Wenn sie zu »erfolgreich« wachsen und zu virulent sind, dann bringen sie ihren Wirt um und gehen dabei selbst zugrunde. Deswegen adaptieren sich Viren relativ bald an ihren Wirt und lassen ihn leben.

Wir Menschen sind virulent. Wir müssen den Weg in den stationären Zustand finden.

Unser ganzes Weltbild ist auf Wachstum aufgebaut. Es ist ein Teil der Three-Inch-Society, in der alles auf Wettbewerb ausgerichtet ist. Immer nur Wachstum. Was wir dabei übersehen, ist, dass die meisten Dinge nicht unbedingt immer wachsen sollten – wie unsere Zellen. Aber wir nehmen nur wahr, was schnell wächst und groß wird. So sind wir geprägt. Epigenetisch?

Da ist sie wieder, unsere beschränkte Wahrnehmung.

Auch meine Ansichten darüber, was ein Fehler ist, leite ich von meiner Forschung ab. Ich mag den Begriff Fehler nicht. Ich sage lieber: Das sind Variationen. Sie sind wichtig. Sehr wichtig! Etwa in der Evolution, wenn sich unsere Gene vermehren, sind Ablesefehler, Veränderungen, Mutationen notwendig. Sie sind eine Grundeigenschaft, die nötig ist, damit sich etwas weiterentwickeln kann. Ich kann dies direkt auf uns Menschen umlegen. Wenn wir lernen, ist es wichtig, dass wir Fehler machen. Es ist Teil des Lernprozesses und gut für die Wahrnehmung. Es ist selbstverständlich, dass wir etwas nicht perfekt machen. Perfektion ist für mich etwas ganz Langweiliges. Perfektionisten sind meistens nicht sehr kreativ. Sie sind gehemmt durch ihre hohen Ansprüche und die Exaktheit, die sie erreichen wollen, und haben dadurch weniger Gelegenheit, sich anders zu entfalten. Sie brauchen sehr viel Energie. Wozu? Ich finde es besser, die Variabilität einfach zuzulassen. Sich treiben zu lassen.

Die RNA ist mir auch in dieser Hinsicht eine gute Lehrmeisterin. Sie ist vielfältig, sie kann vieles – sie ist aber nicht perfekt. Gleichschaltung ist für mich das Schlimmste.

Ich habe einen Bekannten, der auch Saxophon spielt, genau wie ich. Er ist oft entmutigt, weil er nicht fehlerfrei spielen kann. Der Wille, fehlerfrei zu sein, nimmt ihm die ganze Freude am Spielen, die ganze Leichtigkeit. Ich sage immer: »Spiel doch einfach! Und die Fehler, die passieren, nennst du Variationen.« Der Wittgenstein-Preisträger Gerhard →Widmer ist Computerspezialist und Musiker. Er hat ein Programm entwickelt, mit dem er feststellen kann, wie stark die Variationen der einzelnen Interpreten sind, die das gleiche Musikstück spielen. Das Ergebnis liegt eigentlich auf der Hand: Die zehnjährigen, gedrillten Wunderkinder spielen exakt, sind fast perfekt. Aber es klingt nicht wirklich angenehm. Und Friedrich Gulda, dieser wundervolle Beethoven-Interpret, spielt die meisten Abweichungen.

Perfektion ist hemmend. Chaos ist kreativer.

Das gilt für die Musik, das gilt auch für die Sprache. Es gibt Leute, die haben, wenn sie eine fremde Sprache lernen, Angst zu sprechen, Angst, einen Fehler zu machen. Dabei interessiert es eigentlich niemanden, ob fehlerfrei gesprochen wurde oder nicht. Nur derjenige selbst legt Wert darauf und will perfekt sein, aber er hemmt sich dadurch. Deshalb stehe ich zu meinen Fehlern. Ich nehme sie in Kauf, weil ich daraus lerne. Manchmal entsteht auch etwas Tolles dabei; zum Beispiel vertippe ich mich oft beim Schreiben. Dabei entstand öfters das Wort Freutag statt Freitag. Ist das nicht wunderbar? Dabei erhöht sich die Vielfalt. Es entsteht Neues. So wie es mich meine Forschung lehrt: Es ist eine inhärente, chemische Eigenschaft der Basen der DNA, dass sie sich in einer bestimmten Wahrscheinlichkeit anders replizieren, eine Veränderung verursachen. 10^{-8} ist die »Fehler«-Rate (ein Fehler in 100 000 000 Ereignissen). Ohne sie wäre die Evolution in eine Sackgasse geraten, denn ein Molekül, das sich immer wieder fehlerfrei selbst repliziert, würde sich nie zu so etwas wie dem Menschen weiterentwickelt haben. Die Mutationen bei der Replizierung der DNA-Basen sind unglaublich wichtig!

Wichtig für die Entstehung des Lebens. Und wichtig für meine Lebensphilosophie.

Denn sie hat es mir leichter gemacht, nicht perfekt sein zu müssen. Das gilt in der Kindererziehung, im Haushalt, beim Aussehen. Um erkennen zu können, was wichtig und was absolut irrelevant ist. Meistens sind es die Dinge, die man sich selbst einbildet – aus Eitelkeit, aus Unsicherheit, wenn man besser dastehen will, als man das eigentlich tut. Wenn man das aufgibt, wenn man zu den Fehlern, den Ungenauigkeiten, die man macht, steht, merkt man sehr schnell: Es ist überhaupt nicht peinlich. Nein, ich finde es sogar äußerst sympathisch, wenn Leute ihre Fehler zulassen. Und nicht diesem Perfektionismus nachjagen, diesen Schein aufbauen wollen.

Perfektes Auftreten, perfekte Kleidung, perfekte Sprache: Das erzeugt Ferne. So möchte ich nicht an Menschen herangehen. Es ist doch viel schöner, miteinander zu kommunizieren, wenn man Fehler macht. Dann geht es nicht darum, wer der bessere ist. Sondern darum, sich zu unterhalten und in der Imperfektion zueinander zu finden. Das ist das Spannende! Herauszufinden, wo die Stärken und Schwächen des Anderen liegen – obwohl ich es nicht so nennen würde. Die Eigenheiten. Was macht seine Spezifität aus? Das ist etwas, das mir selbst unheimliche Freude bereitet, Leute kennenzulernen, in ihrer Andersartigkeit.

Als ich ein junges Mädchen war, habe ich etwas gemacht, ich weiß nicht mehr, was es war. Und jemand hat zu mir gesagt: Du bist lächerlich. Ich habe mir gedacht: Genau. Ich möchte in meinem Leben nie Angst davor haben, lächerlich zu sein. Wenn andere über mich lachen, sollen sie! Dann haben sie vielleicht nicht verstanden, warum ich etwas mache. Ich möchte immer den Mut haben, zu mir zu stehen. Und nicht aus Angst, lächerlich zu wirken, gehemmt werden.

Mut zur Eigenständigkeit, Mut zur Andersartigkeit, Mut zur Verantwortung. Mut zur Ehrlichkeit. Mut zur Diversität! Mut zur Toleranz!

Die Vielfalt ist ein unverzichtbarer Baustein meiner Lebensphilosophie, sie gehört zu meinem Weltbild dazu. Zu meinem Weltbild, das ich Ihnen nun offengelegt habe. Dieses Weltbild, in dem Diversität, Veränderung, Bewegung, mangelnde Perfektion, Mut zur Freude und Mitfreude an den Entdeckungen der anderen eine so große Rolle spielen. Der Sinn entsteht in der kreativen Entfaltung dessen, was in den Lebewesen steckt.

Meine Reise durch die RNA-Welt, durch die Nanowelt, ist nur eine von unendlich vielen Möglichkeiten, dem Leben auf die Spur zu kommen. Zu verstehen, was uns bewegt, was der Ursprung der Kraft ist, die in so vielen von uns steckt. Auf der Suche nach dem Ursprung des Lebens befinden sich viele, mit ganz unterschiedlichen Ansätzen. Manche versuchen es mit der Physik, oder mit der Religion, oder mit dem Tanz. Was steckt in uns, was können wir zutage bringen? Was erzeugt in uns diese Sehnsucht nach Leben, nach Erkenntnis und nach Erfüllung?

Ich habe im Vorwort gesagt, dass ich nicht weiß, was aus diesem Buch wird. Jetzt, am Ende, sollte mein Weltbild ein klareres Bild abgeben. Und es ist tatsächlich passiert. In der Zeit, in der dieses Buch entstanden ist, habe ich viel Ordnung in meine Gedanken gebracht. Ich habe sie erzählt. Sie sind konkreter geworden. Viele Sprüche, die ich immer klopfe, sind für mich jetzt viel geordneter.

Im Vorwort steht auch, dass ich mir erwarte, dass sich mein Weltbild durch das Schreiben dieses Buches schon wieder verändern wird und dass es am Ende genauer und schärfer ist.

Das ist es. Ich sehe die Dinge jetzt klarer.

Ich bin der Erkenntnis einen Schritt näher gekommen.

Und damit dem Glück.

Glossar

Adenin ist eine der vier Basen der DNA und RNA; paart mit Thymin oder mit Uracil, jeweils mit zwei Wasserstoffbrücken.

Altmann, Sidney, ist der Entdecker der katalytischen Eigenschaft der RNA. 1989 erhielt er den Nobelpreis für Chemie gemeinsam mit Thomas Cech.

Aminosäuren sind die Bausteine der Proteine, bestehend aus einer Carboxygruppe (-COOH) und einer Aminogruppe ($-NH_2$). 20 verschiedene Aminosäuren sind genetisch kodiert, die einfachste ist das Glycin.

Unter **Amplifikation** versteht man in der Biologie die Vermehrung von Molekülen wie DNA oder RNA. In der Evolution versteht man darunter die Vermehrung von Organismen.

Angström, 10^{-10} Meter, ist eine Größeneinheit, welche vor allem in der Physik und in der Kristallographie verwendet wird. Ein Angström entspricht in etwa dem Abstand zweier Atome.

Archaea sind einzellige Lebewesen, die neben den Bakterien und den Eukaryonten eine der drei Domänen des Lebens bilden. Archaea ähneln einerseits den Eukaryonten, es fehlen ihnen aber einige definierende Eigenschaften. Sie leben oft in extremen Biotopen.

Ein **Atom** ist die kleinste Einheit, in welche sich Materie mit chemischen Methoden teilen lässt. Atome bestehen aus einem positiv geladenen Kern (Atomkern) und der gleichen Anzahl negativ geladener Elektronen, welche sich in einer Elektronenhülle um den Atomkern aufhalten. Je nach Anzahl der Protonen und Elektronen in den Atomen bilden sie die verschiedenen chemischen Elemente, zum Beispiel den Wasserstoff (H für Hydrogen), das einfachste Element, mit einem Proton und einem Elektron. Weitere Beispiele von chemischen Elementen, die wichtig sind für Lebewesen, sind Kohlenstoff (C für Carbon), Sauerstoff (O für Oxygen), Stickstoff (N für Nitrogen).

ATP (Adenosintriphosphat) besteht aus einem Adenin, einer Ribose und drei Phosphaten. Es ist ein Baustein der RNA und die wichtigste Energiespeicherform aller Zellen. ATP ist zusätzlich noch als Signalmolekül bei der Regulation vieler biochemischer Reaktionen tätig.

Avery, Oswald (1877–1955), war ein kanadischer Mediziner, der 1944 erkannte, dass die DNA die Trägerin der Erbinformation ist.

Bakterien sind einzellige Lebewesen und zugleich die einfachsten Lebensformen. Sie besitzen bereits ein Genom, einen Stoffwechsel und Zellmembranen. Im Unterschied zu höheren Lebewesen besitzen Bakterien aber noch keinen Zellkern.

Barlow, Denise, ist Professorin und Forscherin am Zentrum für Molekulare Medizin (CeMM) der Österreichischen Akademie der Wissenschaften. Barlow hat das erste epigenetisch geprägte Gen entdeckt.

Basen, Nukleobasen: Adenin, Cytosin, Guanin, Thymin und Uracil werden nicht ganz korrekterweise als »Basen« bezeichnet. Und als Nukleobasen, weil sie hauptsächlich im Zellkern, dem »Nukleus«, vorkommen.

Die **Bioethikkommission** wurde 2001 beim Bundeskanzleramt eingesetzt, um die österreichische Regierung in gesellschaftlichen, naturwissenschaftlichen und rechtlichen Fragen der Ethik zu beraten, die sich aus der Forschung in der Humanmedizin und Humanbiologie ergeben.

Buchner, Eduard (1860–1917), war ein deutscher Chemiker, der 1907 für seine Entdeckung, dass Gärung auch außerhalb von Zellen stattfinden kann, den Nobelpreis für Chemie erhielt. Seine Entdeckung markiert die Geburtsstunde der modernen Biochemie.

Cech, Thomas R. (geboren 1947), ist der Entdecker der katalytischen Eigenschaft der RNA; 1989 erhielt er den Nobelpreis für Chemie gemeinsam mit Sidney Altmann.

Chromatin besteht aus DNA und Proteinen und stellt die unterschiedlichen Verpackungsformen der DNA dar.

Chromosomen sind die Verpackungsform der DNA und enthalten viele Proteine, welche den Verpackungszustand bestimmen.

Code, genetischer, ist die Übersetzungsregel dafür, wie die Information, die in der RNA (DNA) enthalten ist, in Proteine übersetzt wird. Je drei Nukleobasen (auch Tripplet oder Codon) bedeuten eine Aminosäure (Bausteine der Proteine).

Als **Codon** bezeichnet man die Einheit des genetischen Codes. Die Abfolge von drei Basen auf der RNA entspricht einer Aminosäure in der Proteinkette. Zum Beispiel ist die Abfolge AAA das Codon für die Aminosäure Lysin, GCA für Alanin. Es gibt auch Stopcodons, welche für keine Aminosäure kodieren und daher das Signal vermitteln, dass die Kette zu Ende ist.

Cossart, Pascale (geboren 1948), ist Mikrobiologin am Institut Pasteur in Paris. Cossart führte bahnbrechende Arbeiten zur Wechselwirkung von Listerien-Bakterien mit menschlichen Zellen durch.

Crick, Francis (1916–2004), hat gemeinsam mit James Watson an der Aufklärung der Doppelhelixstruktur der DNA gearbeitet. Nach ihnen werden die A-T- und G-C-Basenpaare als »Watson-Crick Basenpaare« bezeichnet.

Csikszentmihályi, Mihály (geboren 1934), ist emeritierter Professor für Psychologie an der Universität Chicago, Kreativitäts- und Glücksforscher.

Cytosin ist eine der vier Basen der DNA und RNA; paart mit Guanin über drei Wasserstoffbrücken.

Darwin, Charles (1809–1882), war einer der bedeutendsten Naturforscher der Welt. Der Brite begründete die biologische Evolutionstheorie, den Darwinismus. Sein Hauptwerk »On the Origin of Species« (Die Entstehung der Arten, 1859) gilt als Grundlage zur Erklärung der Diversität (Vielfalt) der Arten.

Diversität: Vielfalt

DNA (Desoxyribonukleinsäure, zu Deutsch »DNS«, international als DNA bekannt für »deoxyribonucleic acid«) ist die chemische Speicherform der genetischen Information. Sie besteht aus Phosphorsäure, dem Zucker Desoxyribose und vier unterschiedlichen Basen (Adenin, Cytosin, Guanin und Thymin). Adenin kann mit Thymin paaren, indem zwei Wasserstoffbrücken gebildet werden. Guanin paart mit Cytosin unter der Bildung von drei Wasserstoffbrücken. Das Rückgrat der DNA ist eine lange Kette abwechselnd aus Phosphat und Desoxyribose, an der jeweils eine der vier Basen hängt. In der Zelle kommt die DNA als Doppelkette vor, wobei beide Ketten komplementär sind.

Ein **Dogma** ist eine Lehrmeinung, die in Religionen als unumstößlich definiert wird, weil sie einer göttlichen Offenbarung entstammt. Als Dogmen werden in den modernen Wissenschaften Theorien bezeichnet, die (noch) nicht widerlegt werden konnten. Ziel vieler strebsamer junger Wissenschaftler und Wissenschaftlerinnen ist es, Dogmen zu widerlegen. Dogmen stehen der Wahrheitserkenntnis im Wege, weil sie die Wahrnehmung einschränken.

Die **Doppelhelix** ist die Topologie der DNA, die sich so faltet, dass zwei komplementäre Ketten paaren und um eine Helixachse winden. Unter komplementären Ketten versteht man, dass die Reihenfolge der Basen sich so verhält, dass beide Ketten jeweils miteinander über Watson-Crick-Paarung paaren können (A mit T, und C mit G).

Ehrlich, Paul (1854–1915), ist ein deutscher Chemiker und Immunologe, der als der Begründer der Chemotherapie gilt. Er entwickelte das erste chemische Medikament gegen Syphilis.

Enzyme sind Eiweißmoleküle mit katalytischen Eigenschaften. Sie steuern und beschleunigen chemische Reaktionen, ohne dabei selbst verbraucht zu werden.

Die **Epigenetik** ist eine Wissenschaftsdisziplin, welche sich mit den vererbbaren Merkmalen befasst, die nicht in der DNA-Sequenz enthalten sind.

Esoterik ist ein Überbegriff für Lehren, die nicht offen zugänglich sind und öfters spirituellen Erkenntnissen entstammen. Im Gegensatz zur Wissenschaft brauchen diese keine geregelten Beweisführungen.

Eukaryonten sind Lebewesen mit einem Zellkern (im Unterschied zu Bakterien und Archaea, die keinen Zellkern besitzen), eine höhere Lebensform, zu der Tiere, Pflanzen, Pilze und einige Algen gehören.

Evolution ist eine Theorie zur Erklärung aller Phänomene zur Entstehung und Entwicklung der Lebewesen. Der Begriff steht in Kontrast zu dem Begriff »Schöpfung«, bei dem alles von einem Schöpfer im fertigen Zustand gezeugt wurde (Dogma der monotheistischen Religionen).

Femtometer, 10^{-15} Meter, ist eine Längeneinheit, die in der Teilchenphysik Verwendung findet. Wird oft auch als »fermi« bezeichnet und entspricht in etwa der Größenordnung einer Elektrons. Der Durchmesser eines Elektrons ist 2,8 fm.

Fire, Andrew (geboren 1959), ist ein amerikanischer Molekularbiologe, der gemeinsam mit Craig Mello (geboren 1960) den Nobelpreis für Medizin für die Entdeckung der RNA-Interferenz erhielt. Dieser Prozess wird auch als RNAi bezeichnet und beruht darauf, dass doppelsträngige RNA (dsRNA) einen Alarm in der Zelle auslöst und alle RNAs mit der gleichen Sequenz wie die dsRNA entweder abgebaut oder nicht übersetzt wird. Es ist ein Schutzmechanismus gegen RNA-Viren, der auch als Feinmoderator der Genexpression dient.

Fossil, molekulares, ist ein mehrdeutig gebrauchter Begriff, der sich aus Funden von versteinerten ausgestorbenen Lebewesen herleitet. Fossilien sind Zeugnisse vergangenen Lebens. Unter molekularen Fossilien werden in diesem Buch Eigenschaften von heutigen Molekülen verstanden, die Zeugnis ihrer vergangenen Aktivitäten verraten. Beispielsweise ist die Tatsache, dass Enzyme heutzutage Koenzyme brauchen, die aus RNA bestehen, ein starker Hinweis darauf, dass diese früher Teile der Ribozyme waren.

Franklin, Rosalind (1920–1958), Biochemikerin, untersuchte Röntgenbilder von DNA-Kristallen. Ihre Ergebnisse waren die Grundlage für die Aufklärung der DNA-Doppelhelixstruktur durch James Watson und Francis Crick.

Gärung ist ein biochemischer Prozess, der zum Abbau organischer Stoffe führt, um die darin enthaltene Energie zu gewinnen. Am bekanntesten ist die alkoholische Gärung, bei der aus Zucker (Glukose) Alkohol erzeugt und ATP für die Zelle bereitgestellt wird.

Gebote: Üblicherweise wird auf die biblischen zehn Gebote Bezug genommen – Verhaltensregeln, die Gott den Menschen diktiert haben soll. Dieses Buch enthält keine Gebote.

Ein **Gel** ist in der Biochemie ein beliebtes Trägermaterial, um Moleküle voneinander zu trennen.

Ein **Gen** ist ein Abschnitt auf der DNA, welche die Information für die Herstellung eines Genprodukts enthält. Genprodukte sind Proteine oder RNA-Moleküle. Sie sind die Informationsform zur Speicherung und Vererbung von Eigenschaften.

Genetik: Vererbungslehre

Genetischer Code: Auf der DNA ist die Information gespeichert, wie ein Protein hergestellt wird. Das Kochrezept in einer Geheimsprache. Der Code lautet wie folgt: Drei Basen auf der DNA-Kette entsprechen einer bestimmten Aminosäure. Es gibt 20 Aminosäuren in den Proteinen und 64 mögliche Codons. $4^3 = 64$. Den exakten genetischen Code finden Sie bei Wikipedia. Sie werden ihn aber nicht brauchen, um dieses Buch zu lesen.

Genom bezeichnet die Gesamtheit der Erbinformation eines Organismus. Zum Beispiel ist das menschliche Genom, bestehend aus über 3 Milliarden Basenpaaren, auf 23 Chromosomen verteilt. Wir haben die Chromosomen jeweils in zweifacher Kopie. Je 22 »autosomale« Chromosomen (1 bis 22) und die Geschlechtschromosomen X und Y (bei Frauen XX und bei Männern XY).

Gilbert, Walter (geboren 1932), begründete mit seinem Aufsatz »The RNA World« die Theorie der RNA-Welt, die besagt, dass bei der Entstehung des Lebens die RNA eine zentrale Rolle als erstes informatives Molekül mit katalytischen Eigenschaften gespielt hat, wodurch der Prozess »Leben« beginnen konnte.

Glaubensgesellschaft bezeichnet eine Gesellschaftsform, in der ein von religiösen Dogmen geprägtes Weltbild vorherrscht. Steht im Gegensatz zur Wissensgesellschaft.

Gould, Steven Jay (1941–2002), Evolutionsforscher, beschäftigte sich populärwissenschaftlich mit der Bedeutung der Evolution.

Griffith, Frederick (1877–1941), war ein englischer Arzt, der Experimente mit dem Erreger der Lungenentzündung durchführte. Diese waren bahnbrechend bei der Entdeckung der genetischen Transformierbarkeit und der DNA.

Guanin ist eine der vier Basen der DNA und RNA; paart mit Cytosin über drei Wasserstoffbrücken.

Hamer, Dean, ist ein Genetiker, der in seinem Buch »Das Gottes-Gen. Warum uns der Glaube im Blut liegt« die These vertritt, dass es ein Gen gibt, das darüber entscheidet, ob Menschen religiös veranlagt sind oder nicht.

Hefe sind einzellige Lebewesen, die zu den Pilzen gehören. Am bekanntesten ist Saccharomyces cervisiae, die Bierhefe oder die Brothefe. Bei der alkoholischen Gärung ist es die Hefe, die den Zucker aus den Trauben zu Alkohol abbaut.

HeLa-Zellen: Im Jahre 1951 wurden einer 31-jährigen Frau namens Henrietta Lacks Zellen aus einem sehr aggressiven Gebärmutterhalskrebs (Zervixkarzinom) entfernt. Diese Zellen wuchsen sehr schnell in einer In-vitro-Kultur heran und stellen die erste permanente Zelllinie aus menschlichen Zellen dar. Sie sind die meist verwendeten menschlichen Zellen in der molekularbiologischen Forschung. Sie wachsen in Labors auf der ganzen Welt, sodass die Masse dieser Zellen heute die Körpermasse der Henrietta Lacks um vieles übertrifft. Henrietta Lacks ist acht Monate nach der Diagnose gestorben.

Henn-Ei ist ein Kunstbegriff, der die RNA bezeichnet. Die RNA gilt als Antwort auf die »Henne-oder-Ei-Frage« zur Entstehung des Lebens: Was war zuerst? Die DNA, die die Information speichert, um Proteine herzustellen, oder die Proteine, die notwendig sind, um DNA herzustellen? Die RNA vereint beides in einem Molekül, sie ist die Henne und das Ei oder das Henn-Ei.

Histone sind hoch konservierte Proteine, um die sich DNA wickelt und das Nukleosom aufbaut. Histone werden von speziellen Enzymen modifiziert, indem sie methyliert werden. An welche Histone und an welche Aminosäuren diese Methylgruppen angehängt werden, ist ein Signal für den epigenetischen Zustand des Gens. Man spricht auch von einem Histoncode.

Humanes Genom bezeichnet die gesamte DNA-Sequenz der menschlichen Chromosomen (22 + X + Y). Es umfasst mehr als 3 Milliarden Basenpaare.

Die **Hydrosphäre** ist die wässrige Hülle (Teilhülle) unserer Erde und umfasst die Meere zu 94 Prozent, den Wasserdampf der Atmosphäre, das Süßwasser der Seen und Flüsse, das Eis der Pole und Gletscher und das Grundwasser. Wasser war die Voraussetzung dafür, dass Leben entstehen konnte. Seine Eigenschaften inklusive seiner Polarität und Fähigkeit zur Wasserstoffbrückenbildung bestimmen auch die Eigenschaften des Lebens.

Eine **Hypothese** ist eine Aussage, die noch keine Gültigkeit hat, solange nicht genug Evidenz gesammelt wurde, dass sie zur Theorie werden kann.

Intelligent Design ist eine pseudowissenschaftliche Theorie, die das Leben als das Produkt eines intelligenten Entwurfs eines »designers« (»Entwerfers«) sieht. Der »designer« ist eine alternative Bezeichnung für den Gottesbegriff. »Intelligent Design« gilt als moderne Auffassung der christlichen Schöpfungslehre. Seine Anhänger betreiben einen »think tank« (Denkfabrik), das Discovery Institute, dem auch viele moderne Wissenschaftler angehören.

Isotop: Chemische Elemente haben eine festgelegte Anzahl von Protonen, können aber eine unterschiedliche Anzahl von Neutronen besitzen. Dann spricht man von Isotopen. Diese haben gleiche chemische Eigenschaften, aber unterschiedliche Stabilitäten. So gibt es Elemente, welche instabile, radioaktive Isotopen haben. Zum Beispiel der Kohlenstoff. Der Großteil der Kohlenstoffe in den Lebewesen ist das ^{12}C-Isotop. ^{13}C und ^{14}C kommen auch vor. ^{13}C hat magnetische Eigenschaften und kann für die Kernmagnetresonanz verwendet werden, während ^{14}C radioaktiv ist und zur Altersbestimmung verwendet werden kann.

Ein **Katalysator** ist eine Substanz, welche chemische Reaktionen beschleunigt, ohne dabei selbst verbraucht zu werden. Die meisten biologischen Katalysatoren sind Proteine (Eiweiße), die wir Enzyme nennen. RNA-Moleküle können auch als Katalysatoren wirken; sie werden Ribozyme genannt.

Als **Katalyse** bezeichnet man den Prozess der Beschleunigung von chemischen Reaktionen durch Katalysatoren.

Kausalität: Wenn zwei Ereignisse so eng miteinander verbunden sind, dass ein Ereignis der Grund und die Voraussetzung für das Eintreten des zweiten Ereignisses ist, dann haben sie einen kausalen Zusammenhang und finden nicht nur zufällig miteinander oder nacheinander statt.

Koenzym: Manche Enzyme brauchen für ihre katalytischen Aktivitäten zusätzliche chemische Stoffe, die als Koenzyme bezeichnet werden.

Viele dieser Koenzyme sind Vitamine oder Metallionen und enthalten RNA-Bausteine.

Kokken sind kugelförmige Bakterien.

Als **Kompartimentierung** versteht man in der Biologe die räumliche Trennung von Stoffen und Stoffwechselwegen. Zum Beispiel findet die Synthese der DNA und der RNA im Zellkern statt, die Atmung in den Mitochondrien und die Photosynthese in den Chloroplasten. Kompartimente können, müssen aber nicht, von Membranen als Trennwand umgeben sein.

Korrelation: Wenn zwei Ereignisse zur gleichen Zeit stattfinden und auch zur gleichen Zeit zunehmen oder abnehmen, ohne dass es einen sonstigen Zusammenhang gibt, korrelieren sie. Dies geschieht aber nur indirekt oder zufällig. Sie müssen keinen kausalen Zusammenhang haben. Ein ironisches Beispiel zur Erklärung der missverstandenen Kausalität kommt aus der »Spaghettimonster«-Theorie: Der weltweite Anstieg der Temperatur der Meere korreliert mit der Abnahme der Piraten: Je höher die Temperatur, desto weniger Piraten gibt es. Zwei Ereignisse, die zwar korrelieren, aber keinen kausalen Zusammenhang haben.

Kreationismus ist eine pseudowissenschaftliche Lehre, welche die Schöpfung wissenschaftlich zu erklären versucht. Typisches Merkmal der kreationistischen Darstellung ist es, Dinosaurier und Menschen miteinander in Verbindung zu bringen.

Leeuwenhoek, Antoni van (1632–1723), war ein niederländischer Naturforscher, der die ersten mehrlinsigen Mikroskope baute, die es ermöglichten, Bakterien und kleine Zellen zu sehen, wie zum Beispiel Spermien.

Listerien (Listeria monocytogenes) sind krankheitserregende Bakterien, welche die Listeriose verursachen. Listerien kommen vor allem in nicht pasteurisierten Milchprodukten vor.

Maxwell-Dämon bezeichnet ein Gedankenexperiment des schottischen Physikers James Clerk Maxwell (1831–1879) zur Erklärung der Entstehung von Ordnung. Der Dämon sitzt außerhalb des Systems und sortiert die Teilchen nach ihren Eigenschaften. Er besitzt Information und verrichtet Arbeit.

Mello, Craig (geboren 1960), ist ein amerikanischer Biochemiker, der gemeisam mit Andrew Fire (geboren 1959) den Nobelpreis für Medizin für die Entdeckung der RNA-Interferenz (siehe RNAi) erhielt.

Mendel, Gregor (1822–1884), war ein katholischer Priester und Naturforscher, der bei Kreuzungsexperimenten mit Erbsen die Regeln der Vererbung aufgestellt hat. Er gilt als Begründer der Genetik.

Metabolismus ist gleichbedeutend mit Stoffwechsel und ist die Bezeichnung für jene Vorgänge in den Zellen, welche die Aufnahme (Nahrung) von Stoffen, deren Abbau, Umbau und Ausscheidung betreffen.

Als **Metabolit** bezeichnet man die Zwischenprodukte des Stoffwechsels. Zum Beispiel ist bei der Verwertung von Zucker (Glukose) für Energiegewinnung in unserem Körper Milchsäure ein Zwischenprodukt.

Methylgruppe (-CH_3) ist ein Kohlenstoff mit drei Wasserstoffen.

Methylierung bezeichnet das Anhängen von CH_3-Gruppen an genau definierte Stellen der DNA und von Histonproteinen. Dies ist die wichtigste Markierung des epigenetischen Zustands des Gens.

Miller, Stanley (1930–2007), ist ein amerikanischer Chemiker, der bereits für seine Doktorarbeit die berühmten Ursuppenexperimente durchführte, um aus anorganischen Verbindungen organische Verbindungen, die Bausteine lebender Organismen sind, zu gewinnen.

Meiose: Bei der Entstehung der Keimzellen, auch Gameten genannt (bei Menschen Spermien und Eizelle), muss der Chromosomensatz halbiert werden. Unsere Keimzellen sind haploid, während unsere somatischen Körperzellen diploid sind, also einen doppelten Chromosomensatz enthalten. Die Meiose ermöglicht bei der sexuellen Fortpflanzung, dass die Elternchromosomen ihre Information neu kombinieren. Das erhöht die Vielfalt enorm, was natürlich evolutionär sehr vorteilhaft ist.

Mitose: Zellen haben einen Zellzyklus, indem sie sich vermehren und verdoppeln. Es gibt mehrere Arten der Zellteilung. Die häufigste ist die mitotische Zellteilung, bei der die Mutterzelle zuerst ihre Chromosomen verdoppelt. Die Mitose ermöglicht, dass die Tochterzelle die gleiche Anzahl an Chromosomen, also die gleiche Erbinformation erhält.

Model – mit Betonung auf dem -o- (nicht mit einem Foto-Modell mit Betonung auf dem -e- zu verwechseln) – ist das Erstmuster, welches als Bauunterlage zur Fertigung von mehrfachen Strukturen verwendet wird. In diesem Buch und bei der Diskussion um die Entstehung des Lebens wird oft die Frage gestellt, ob und wenn ja was als Model für die Polymerbildung von biologischen Molekülen gedient haben könnte.

Molekül ist die kleinste Einheit von zusammengesetzter Materie. Verbinden sich Atome mittels chemischer Verbindungen, entstehen Moleküle. Zum Beispiel bestehen Wassermoleküle aus einem Atom Sauerstoff und zwei Atomen Wasserstoff (H_2O).

Molekularbiologie ist die Wissenschaft, die das Phänomen Leben auf der Ebene der Moleküle betrachtet. Sie beschreibt den Aufbau von Lebewesen basierend auf deren molekularen Bestandteilen.

Eine **Mutante** ist eine genetische Variante mit einer veränderten DNA-Sequenz, die sich von der Mehrheit der Individuen der gleichen Spezies unterscheidet. Es können einzelne Basen variieren (Punktmutation), es kann eine bis mehrere Basen fehlen (Deletion) oder zusätzlich vorhanden sein (Insertion). Oder aber es können ganze Abschnitte auf den Chromosomen verschoben sein (Translokation).

Mutation bezeichnet in der Genetik eine Veränderung in der DNA, welche an die Tochterzelle weitervererbt wird. Die Bezeichnung kommt vom lateinischen Wort »mutare« und bedeutet Veränderung. Als Punktmutation bezeichnet man die Veränderung von nur einer Base. Dafür hat sich der Begriff »SNP« (sprich: snip) durchgesetzt für »single nucleotide polymorphism«.

Nanometer sind 10^{-9} Meter, das heißt, ein Meter wird 9-mal durch 10 dividiert. In dieser Größenordnung befinden sich Moleküle. Daher auch der Begriff Nanotechnologie, weil Moleküle verändert werden, um Stoffen bestimmte Eigenschaften zu geben.

Ein **Nukleosom** ist die erste Verpackungsstufe der DNA von höheren Zellen. Dabei wickelt sich die DNA (circa 140 bis 200 Nukleotide) um einen Proteinkomplex aus acht Histonen und bildet so die kleinste Struktur des Chromatins.

Ein **Nukleotid** ist ein Grundbaustein der DNA und RNA bestehend aus ein bis drei Phosphaten, einem Zucker (Ribose oder Desoxyribose) und einer von vier Basen (Adenin, Cytosin, Guanin und Thymin bei der DNA und Uracil statt Thymin bei der RNA).

Pasteur, Louis (1822–1895), war ein französischer Forscher und Begründer der Mikrobiologie, nach dem das Haltbarmachen durch Erhitzen (Töten der Bakterien) benannt wurde: das Pasteurisieren.

Peptid ist ein kurzes Protein aus nur wenigen Aminosäuren (2 bis ca. 40).

Unter **Phänotyp** verstehen wir das gesamte Erscheinungsbild eines Lebewesens als Folge seiner genetischen Merkmale, aber auch der nicht genetisch festgelegten erworbenen Eigenschaften.

Picometer, 10^{-12} Meter, ist eine Längeneinheit, die in der Teilchenphysik Verwendung findet, weil es den Bereich der Atomgröße betrifft. Ein Atomkern ist in etwa 0,1 Picometer klein, die Durchmesser von Atomen liegen zwischen 50 und 500 Picometer.

Der griechische Philosoph **Platon** lebte im 4. Jahrhundert v.Chr. Er war ein Schüler des Sokrates. Ihre Lehren bilden die Grundlage für die westliche Kultur, vor allem die Ideenlehre, die wichtige Begriffe definierte und sie so einer objektiven Behandlung zugänglich machte. Platon gründete die Platonische Akademie, die die Verbreitung seiner Lehren in der antiken Welt ermöglichte.

Ein **Polymer** ist eine chemische Verbindung aus vielen gleichen (oder ähnlichen) Bausteinen. Zum Beispiel ist ein Protein, dessen lange Ketten aus 20 verschiedenen Aminosäuren bestehen, ein Polymer. Ebenso ist RNA ein Polymer aus vier verschiedenen Nukleotiden. Und Stärke ist ein Polymer aus vielen Glucoseeinheiten.

Population: In der Biologie ist eine Population eine Gruppe von Individuen, die nach vorgegebenen Kriterien zusammengehören. Meistens sind sie genetisch verwandt und stammen von gleichen Vorfahren ab.

Prokaryonten sind einzellige Lebewesen ohne Zellkern (etwa Bakterien).

Ein **Protein** ist ein Makromolekül, das aus Aminosäuren aufgebaut ist. Proteine (Eiweiße, Enzyme) gehören zu den Grundbausteinen aller Zellen. Proteine sind sehr vielfältig. Sie steuern die meisten chemischen Reaktionen in einer Zelle und bilden zum Großteil die Strukturen, die den Zellen ihre Form geben. Sie sind außerdem für die Energiegewinnung, für den Abbau unserer Nahrung und für den Aufbau unserer körpereigenen Stoffe verantwortlich.

Eine **Reverse Transkriptase** ist ein Enzym, welches die RNA abschreibt und eine entsprechende DNA-Kopie herstellt. Wichtig für die Entwicklung der Genome.

Ein **Ribosom** ist ein RNA-Protein-Komplex, in dem sowohl die Synthese von Proteinen als auch die Dekodierung des genetischen Codes stattfindet.

Ribosomale RNA: Ribosomen bestehen aus mehreren ribosomalen RNAs und vielen ribosomalen Proteinen. Die kleinere »16S« ribosomale RNA (16S rRNA) aus Bakterien ist beteiligt an der Dekodierung des genetischen Codes, während die große »23S« ribosomale RNA (23S rRNA) an der Katalyse der Peptidsynthese beteiligt ist.

Als **Riboswitch** (RNA-Schalter) bezeichnet man eine RNA-Komponente, die sich falten kann, um spezifische kleine Moleküle zu binden, und sich anschließend umfaltet, um die Expression von Genen zu steuern. Sie werden als Schalter bezeichnet, weil sie Gene ein- und ausschalten können.

Ein **Ribozym** ist eine katalytisch aktive RNA.

RNA (Ribonukleinsäure, zu Deutsch »RNS«, international als RNA bekannt für »ribonucleic acid«) ist ein Makromolekül, welches – ähnlich der DNA – aus vielen aneinandergeketteten Bausteinen besteht. Die RNA besteht aus Grundbausteinen. Jeder dieser Bausteine besteht aus einer der vier Basen Adenin, Cytosin, Uracil und Guanosin; einer Ribose und einer Phosphorsäure. Chemisch betrachtet gibt es zwei Unterschiede zur DNA: Der Zuckerrest, die Ribose, hat einen zusätzlichen Sauerstoff. Und: das Uracil unterscheidet sich vom Thymin dadurch, dass es eine Methylgruppe (CH_3-Gruppe) weniger hat. Dieser kleine chemische Unterschied hat aber enorme Folgen, weil durch diesen zusätzlichen Sauerstoff die RNA chemisch viel aktiver ist. Sie kann sehr unterschiedliche dreidimensionale Strukturen einnehmen, ist dafür aber instabiler und leicht abbaubar. Wichtig für die Entstehung des Lebens sind zwei Eigenschaften des RNA-Moleküls: Es kann genetische Information speichern (wie DNA) und es kann chemische Katalyse antreiben (wie Proteine). RNA vereint damit zwei grundlegende Eigenschaften des Lebens in einem Molekül: Information und Stoffwechsel. Bei der Suche nach dem Ursprung des Lebens war es lange nicht klar, was zuerst da war: die DNA, die die Information zur Synthese der Proteine in sich trägt, oder die Proteine, die für den Stoffwechsel zuständig und notwendig sind, um DNA herzustellen. Die Antwort auf diese »Henne-oder-Ei-Frage« (Was war zuerst da?) ist die RNA. Sie ist das »HennEi«.

RNAi (RNA-Interferenz) ist ein Mechanismus der Feinregulierung der Genexpression. Damit kann man Gene teilweise oder auch ganz ausschalten. Diese Methode hat einen sehr großen Fortschritt in der Grundlagen- und medizinischen Forschung bewirkt, weil man die Funktion von Genen untersuchen kann, indem man sie ausschaltet. Diese Methode wird (hoffentlich) bald therapeutische Bedeutung erlangen, weil Hoffnung besteht, dass man damit krankmachende Gene herunterregulieren wird können.

Schrödinger, Erwin (1887–1961), war ein österreichischer Physiker und Wissenschaftstheoretiker und der Begründer der Quantenmechanik. Sein Porträt war auf der 1000-Schilling-Note abgebildet. Ihm und seinem Buch »Was ist Leben?« (1944) ist Kapitel 3 dieses Buches gewidmet.

Unter **Selektion** versteht man in der Evolution jenen Vorgang bei der Reproduktion, bei dem zwischen lebensfähigen und lebensunfähigen Organismen unterschieden wird. Es dreht sich alles um die Fortpflanzung. Wer sich fortplanzt, dessen Gene werden an die nächste

Generation weitergegeben. Das ist im Allgemeinen kein aktiver Auswahlvorgang, sondern jene, die fit sind, überleben und vermehren sich.

SELEX ist ein Verfahren zur Erzeugung von synthetischen RNA-Molekülen mit gewünschten Eigenschaften. Steht für »Systematic Enrichment of Ligands by Exponetial Enrichment«.

Als **Sequenz** bezeichnet man die Reihenfolge der Bausteine (A,C, G, T bei DNA und A, C, G, U bei RNA) auf der Kette.

Spaghettimonster, fliegendes, ist die Gottheit der von dem Physiker Bobby Henderson begründeten Religionsparodie auf die Intelligent-Design-Bewegung in den USA. In einigen Bundesländern der USA sollte anstelle der Evolution die Pseudowissenschaft Intelligent Design gelehrt werden, eine Idee, die auch der österreichische Kardinal Schönborn in einem Artikel in der New York Times befürwortete.

Spirillen sind wendelförmige Bakterien.

Eine **Stammzelle** ist eine Zelle, die sich einerseits identisch vermehren kann und sich andererseits zu anderen Zelltypen differenzieren kann. Faszinierend ist ihre Fähigkeit, sich ewig zu teilen, also unsterblich zu sein, oder sich zu einem vollständigen Organismus zu entwickeln (wenn es eine embryonale omnipotente Stammzelle ist).

Thymin ist eine der vier Basen der DNA; paart mit Adenin über zwei Wasserstoffbrücken.

Transformation, genetische: Darunter verstehen wir die Aufnahme von DNA in eine Zelle, sodass diese DNA im neuen Wirt auch exprimiert wird. Dadurch ändern sich die Eigenschaften der transformierten Zelle.

Uracil ist eine der vier Basen der RNA; paart über zwei Wasserstoffbrücken mit Adenin.

Ursuppe, Ursuppenexperimente: Darunter versteht man Experimente, die den Ursprung des Lebens im Labor nachstellen und vielleicht auch erklären könnten. Man sucht nach den Bedingungen, die auf der Erde bestanden haben könnten, als das Leben entstand, und lässt die damals ablaufenden chemischen Reaktionen erneut ablaufen. Bekannt für das erste Ursuppenexperiment wurde Stanley Miller (1930–2007), ein Schüler des Nobelpreisträgers Harold Urey (1893–1981), die im Jahr 1953 im Labor der Universität von Chicago gemeinsam die Ursuppe nachkochten.

Valenz gibt an, wie viele Wasserstoffe ein Stoff an sich binden kann. Auch Wertigkeit genannt.

Viomycin ist ein Peptidantibiotikum, welches die Proteinsynthese in Bakterien hemmt. Es wird noch immer gegen den Erreger der Tuberkulose eingesetzt.

Virulenz ist ein Begriff aus der Mikrobiologie, der angibt, wie stark ein Krankheitserreger tatsächlich eine Krankheit verursacht.

Ein **Virus** ist ein kleines Partikel, welches Zellen befällt und sich nur innerhalb einer Wirtszelle vermehren kann. Viren stellen noch keine Lebewesen da, weil sie keinen eigenen Stoffwechsel haben. Sie enthalten jedoch genetische Information in Form von DNA oder RNA.

Wächtershäuser, Günter (geboren 1938), ist ein deutscher Chemiker und Evolutionsforscher, der sich mit der Entstehung des Lebens beschäftigte und die Eisen-Schwefel-Theorie entwickelte, nach der das Leben an der Oberfläche von Eisen-Schwefel-Mineralien entstanden sein könnte. Chemische Reaktionen an diesen Oberflächen wären eine praktisch uneingeschränkte Energiequelle für die zur Entstehung von Leben notwendigen chemischen Reaktionen.

Wahrscheinlichkeit ist in der Mathematik eine Größe, die mit der Sicherheit von Voraussagen zusammenhängt.

Watson, James D. (geboren 1928), ist ein amerikanischer Biochemiker und Nobelpreisträger, der gemeinsam mit Francis Crick, Maurice Wilkins und Rosalind Franklin die dreidimensionale Struktur der DNA, die sogenannte Doppelhelix, aufgeklärt hat.

Widmer, Gerhard (geboren 1961), ist Professor für Informatik am Institut für »Computational Perception« der Johannes-Kepler-Universität Linz und Wittgenstein-Preisträger des Jahres 2009. Er forscht an der Schnittstelle von Informatik, künstlicher Intelligenz und Musik.

Wissensgesellschaft wird in diesem Buch als Begriff für eine Gesellschaftsform verwendet, in der Erkenntnis und individuelles Wissen als Basis für Entscheidungsfindungen angesehen werden. Dabei wird nach bestem Wissen und Gewissen entschieden und nicht nach ideologischen Dogmen.

Eine **Zelle** ist die kleinste Einheit des Lebens. Das Wort stammt vom lateinischen Wort »cellula« und bedeutet »kleine Kammer«. In der Regel sind Zellen 1 bis 100 Mikrometer klein. In einer lebenden Zelle finden alle Funktionen statt, die für dessen Wachstum und Vermehrung notwendig sind. Es gibt viele einzellige Organismen wie zum Beispiel Bakterien und Hefe (Pilz, der für die Gärung und fürs Brotbacken verwendet wird).

Als **Zufall** bezeichnen wir ein Ereignis, dessen Ursache nicht erkennbar ist und bei dessen Wiederholung ein anderes Ergebnis eintreten kann. Per definitionem kann man den Ausgang eines zufälligen Ereignisses nicht voraussagen, nicht planen und auch nicht steuern. Zu unterscheiden ist es davon, wenn wir keine Aussagen machen können, weil wir zu wenig Information über die Bedingungen haben, unter denen Ereignisse eintreten können. Auch nicht zu verwechseln mit der Wahrscheinlichkeit, dass ein Ereignis eintritt, wenn es sehr viele Möglichkeiten gibt.

Dank

Ich möchte allen voran Carmen Sippl danken für die Idee und ihre Überzeugungskraft, dieses Buch zu schreiben, und für die Betreuung während der ganzen Vorbereitungszeit. Ohne ihre Beharrlichkeit würde es dieses Buch nicht geben.

Ich möchte allen meinen FreundInnen, Studierenden und Mitmenschen danken, die über viele Jahre hinweg immer wieder bereit waren, sich auf lange und spannende Diskussionen mit mir über das Leben einzulassen. Seien es stundenlange Kaffeehaussitzungen, mitternächtliche E-Mails zum Thema Glück, Seminare über Gender in science, Lesungen oder einfach Buchgeschenke mit Volltrefferqualität.
Ihr seid mir eine unerschöpfliche Quelle der Lebensfreude. Danke!

Die Autorinnen

Renée Schroeder, geboren 1953 in Joao Monlevade, Brasilien, studierte Biochemie in Wien und New York, Habilitation in Genetik, seit 2005 leitet sie das Department für Biochemie an der Universität Wien. 2001–05 war sie Mitglied der Bioethik-Kommission der österreichischen Bundesregierung, seit 2010 ist sie Mitglied des Rates für Forschung und Technologieentwicklung. 2002 war sie Österreichische Wissenschaftlerin des Jahres, 2003 erhielt sie den Wittgenstein-Preis, im selben Jahr wurde sie als eine der ersten Frauen Wirkliches Mitglied der Österreichischen Akademie der Wissenschaften.

Ursel Nendzig, geboren 1980, absolvierte nach einem Wirtschaftsstudium die journalistische Ausbildung und war Redakteurin des Magazins »Universum«. Sie ist freie Autorin für Magazine und Tageszeitungen.

WERNER HEISENBERG
ELISABETH HEISENBERG

»Meine liebe Li!«

Der Briefwechsel 1937–1946

Herausgegeben von
Anna Maria Hirsch-Heisenberg

ISBN 978 3 7017 3247 0

In schwieriger Zeit: Der große Physiker ganz privat

Als Werner Heisenberg 1937 Elisabeth Schumacher begegnet, ist er 35 Jahre alt, seit zehn Jahren Professor für theoretische Physik in Leipzig, 1933 hat er den Nobelpreis erhalten. Doch gut geht es ihm nicht: Er ist einsam, die politische Situation und der beginnende Exodus deutscher Wissenschaftler bedrücken ihn; er wird als »weißer Jude« beschimpft, weil er in seinen Vorlesungen Einsteins Relativitätstheorie vertritt. Kurz nach Kriegsausbruch wird Heisenberg mit dem »Uranprojekt« beauftragt; seine junge, wachsende Familie sieht er nur noch selten.

Der Briefwechsel zeigt das innige Bemühen, über alle Widrigkeiten und Entfernungen hinweg das Leben miteinander zu teilen. Er gibt Aufschluss darüber, was den großen Physiker – dessen Rolle im Zweiten Weltkrieg bis heute diskutiert wird – bewegte, und dokumentiert authentisch die erlebte Wirklichkeit einer heillosen Zeit. Ergänzt mit bislang unveröffentlichten Tagebuchaufzeichnungen aus den letzten Kriegstagen, ist er das berührende Zeugnis des ganz privaten Heisenberg, dem die Liebe in schwieriger Zeit einen Rückzugsort sicherte.

www.residenzverlag.at